Unsere Feldunkräuter

in ihrer Beziehung zum Futter

insbesondere

die Bestimmung ihrer Früchte und Samen.

Von

Prof. Dr. **A. Naumann,**
Königl. Tierärztliche Hochschule zu Dresden.

Mit Abbildungen von 108 Unkrautsamen auf 1 Tafel und 20 Textfiguren.

Springer-Verlag Berlin Heidelberg GmbH 1918

ISBN 978-3-662-42282-3   ISBN 978-3-662-42551-0 (eBook)
DOI 10.1007/978-3-662-42551-0

Sonderabdruck
aus dem
Archiv f. wissenschaftl. u. prakt. Tierheilkunde. Bd. 44. Suppl.

Bei den von der botanischen Abteilung, gemeinsam mit dem physiologischen Institut der Dresdener Tierärztlichen Hochschule vorgenommenen Futtermitteluntersuchungen ergab sich oft die Notwendigkeit, in den als schädlich eingesandten Futtermitteln befindliche Samen und Samenbruchstücke einwandfrei zu bestimmen. Dies veranlaßte mich, alsbald eine Samen- bzw. Fruchtsammlung anzulegen und besonders die einheimischen Feldunkräuter in ihren mannigfaltigen Beziehungen zum tierischen Futter zu studieren.

Die folgenden Ausführungen sollen diese Beziehungen erhellen; doch ist mir bei dem Mangel an verfügbarem Raum eine eingehende Darstellung derselben unmöglich. So kann ich das sehr interessante erste und das letzte Kapitel nur skizzenhaft umrissen bieten, damit ich den „Unkrautsamen", deren Erkennung für den Tierarzt von besonderer Bedeutung, ja zur Notwendigkeit werden kann, eine besonders eingehende Durcharbeitung bieten durfte.

Ich habe dabei versucht, durch eine reiche Anzahl von mir selbst entworfener Abbildungen im Text und auf Tafel VI die Formenmannigfaltigkeit der Unkrautfrüchte und -samen dem Leser näher zu bringen, in der Hoffnung, das Interesse der Herren Tierärzte für dieses ebenso anmutende als vernachlässigte Gebiet zu erregen.

Der Begriff des „Feldunkrautes" ist schwer festzulegen, zumal in einzelnen Gebieten Mitteleuropas auf den Feldern Pflanzen als Unkräuter auftreten können, die anderwärts von keinem Landwirt als solche betrachtet werden. Ich fand z. B. in der Umgebung des nordböhmischen Städtchens Hirschberg mit seinem Sandboden und ausgedehntem Teichgebiet das Schilfrohr (Phragmites communis) auf vielen

Feldern als lästiges und durch seine Befallungspilze bedenkliches Unkraut, während bei unserer geregelten Feldwirtschaft in Sachsen diese Pflanze wohl nur bei frisch abgelassenem, zur Sömmerung angesäten Teichboden vorübergehend in die Erscheinung tritt.

Desgleichen können ausgesprochene Wegrandpflanzen und Schuttgewächse sich vorübergehend auf Brachfeldern einnisten, ohne „Feldunkräuter" im eigentlichen Sinne zu sein. Durch meine langjährigen Sammelerfahrungen belehrt, habe ich als Feldunkräuter für Deutschland mehr als 200 Pflanzen ausgewählt. Dieselben sind teils Frühjahrskräuter der Winterungen, teils Pflanzen der bereits erwachsenen Saat, teils Stoppel- und Brachepflanzen.

Da ich es mir aus Raumersparnis versagen muß, die entworfene, mit biologischen und Standortsanmerkungen versehene Uebersicht der gewählten Pflanzen hier zu veröffentlichen, sei zusammenfassend erwähnt, daß sich darunter etwa 179 einjährige Gewächse, ferner 20 nur unterirdische ausdauernde Gewächse, darunter 7 mit Zwiebeln, 1 mit Knolle, 7 mit Ausläufern befinden. Von Pflanzen, die auch oberirdisch ausdauern, sind 17 aufgenommen, darunter 2 mit Rosetten, 2 Rasenbildner und 1 mit verholzter Achse.

Der Einfluß der Unkräuter auf das Futter soll in drei Kapiteln abgehandelt werden.

I. Die Feldunkrautpflanzen als Futtergewächse.
II. Die Feldunkrautsamen als Bestandteile der Futtermittel.
III. Die Befallungspilze der Feldunkräuter.

I. Die Feldunkrautpflanzen als Futtergewächse.[1 a–e *)]

Von jeher bedingte die zielbewußte Sparsamkeit der Landwirte eine völlige Ausnutzung sowohl des Bodens, als auch der Ernteabfallprodukte.

Kein Wunder, daß er bestrebt war, auch die Feldunkräuter zu nutzen, indem er die ausgestochenen oder ausgejäteten Pflanzen zur Verfütterung brachte oder Stoppeln und Brachen beweiden ließ. Dabei können die Unkrautpflanzen in frischem Zustande als Grünfutter oder auch getrocknet als Rauhfutter verabreicht werden. Es ergab sich nun, daß einzelne Unkräuter besonders wertvolle Futterpflanzen darstellten, während andere Gesundheitsstörungen des Viehes oder ungünstige Beeinflussungen des Milchgeschmacks im Gefolge hatten, somit

---

*) Die arabischen Ziffern beziehen sich auf das am Schlusse angegebene Verzeichnis eingesehener Schriften.

als schädlich zu bezeichnen waren. Ich will in folgendem die Unkräuter nach diesen Gruppen sichten und entsprechende Anmerkungen einflechten.

1. Gute bis vortreffliche Futterunkräuter.

a) Kleine, also an Masse geringe Unkräuter mit früher Blütezeit.

Sie können in den futterarmen Monaten bereits als Grünfutter dienen. Hierher: Quecke, Hornkraut, Spurre, Vogelmeirich (Pferden, Wiederkäuern und Schweinen gleich nahrhaft [1a]), Kressling (Stenophragma Thaliana, oft 30 cm hoch), alle größeren einjährigen Ehrenpreisarten: Veronica praecox, triphyllos, verna, arvensis, agrestis, hederifolia, Tournefortii (mit über 40 cm langen, auf den Boden liegenden Trieben). Diese Kleinkräuter des Frühlings werden meist der Saat nicht schädlich, schützen vielmehr den Boden vor Austrocknung. Rapunzel (Valerianella olitoria), früh ergiebig, befördert die Milchsekretion.

b) Im Frühjahr auszustechende Wurzelunkräuter.

Ackerdistel als beliebtes Milchfutter. Die jungen Ackerdisteln sind vorzügliches Futter für Pferde und Schweine[2]).

Saudistel (Sonchus arvensis). In einzelnen dicht bevölkerten Gegenden werden diese Pflanzen unentgeltlich gestochen, um gutes und bekömmliches Schweinefutter zu erlangen[3]); auch beliebtes Milchfutter.

Quecke. Die aus dem Boden entfernten Rhizome enthalten viel Zucker, werden deshalb von allem Vieh gern gefressen. In manchen Gegenden Deutschlands werden sie als Viehfutter gesammelt und entsprechend gereinigt. Ich habe 1917 im Frühjahr ganze Wagenladungen ausgestochener Queckenwurzeln ungenützt vertrocknen sehen, obgleich in dieser Kriegszeit die Landwirte wiederholt auf den Futterwert derselben hingewiesen wurden. Dachte man doch, in dem Bestreben, alles mögliche nutzbar zu machen, sogar daran, die Queckenwurzeln zur Zuckergewinnung heranzuziehen. Gute Schafweide! Die Schafe reißen sogar die Rhizome heraus (Unkrautvertilgung). Gedörrte Queckenwurzeln als Brotzusatz. Medizinisch: Radix graminis[1a]).

c) Einzelne späte, aber „jung" zu fütternde Unkräuter.

Hierzu gehören: alle Melden und Gänsefußgewächse als gut bekömmliches Schaffutter, späterhin abführend (vielleicht infolge der Samen); Brennessel, die jung gebrüht ein treffliches Futter gewährt, Beifutter für Kühe, danach besonders wohlschmeckende Milch[1a]); Zaunmilche (Lampsana communis); Sicheldolde (Falcaria); Krümmling

(Chondrilla juncea), dessen Milchsaft später zur Blütezeit scharf narkotisch wie bei den Lactucaarten wird.

d) Spätere Unkräuter, die bis in den Herbst hinein vegetieren.

Hühnerhirse; Spörgel (frisch, getrocknet, auch im Samen, Milchfutter, Pferde fressen ihn ungern[1a]); Venuskamm (Scandix pecten Veneris); Ackerkrummhals (Lycopsis arvensis); Gundermann; Spitzwegerich (beliebte Weidepflanze, soll das Aufblähen der Tiere hindern[1a]); Ackerscharte (Sherardia), sowohl für Frühjahr als Herbst; Ackermeister (Asperula arvensis); Klettenlabkraut (gebrüht als gutes Milchfutter); Sommerfeste (Crepis virens), auch getrocknet; glattes Ferkelkraut (Hypochoeris).

e) Als gute Schafweide geltende Unkräuter.

Grauer Fennich (Setaria), stengelumfassende Taubnessel, Acker-Hermel (Anthemis arvensis), Schafgarbe (durch bittere Extraktivstoffe in geringer Menge diätetisch günstig[1a]).

2. Verdächtige oder schädliche Futterunkräuter.

Bei der Schädlichkeit ist zu unterscheiden zwischen mechanischer Schädigung und toxischer Schädigung.

a) Mechanisch schädigende Futterunkräuter.

Ackerhahnenfuß infolge der bestachelten Früchte.

Kornblume (Centaurea cyanus), durch steife Haarkelche. Darmkatarrh bei Pferden. 1914 erhielten wir eine Kleie mit 20 Stück auf 1 g.

Schilfrohr infolge der durch Kieselsäureeinlagerung scharfen Blätter.

Windhalm (Apera spica venti) infolge der Spelzenhaare und Grannen[4]).

Wurmsalat (Helminthia echioides), aus Südosteuropa eingeschleppt. Die Stachelhaare der Blätter haben Entzündung der Schlundröhre erregt.

b) Futterunkräuter mit toxischer Wirkung.

In dieser Beziehung stehen sich die Erfahrungen oft schroff gegenüber, so daß sich auf dem Gebiete der Fütterungsversuche zur Auflösung der Widersprüche dankenswerte Aufgaben bieten. In dieser Beziehung seien einzelne Unkrautgattungen besonders hervorgehoben:

α) Einzelne Arten.

Ackerwinde rühmen einzelne als gern genommenes Viehfutter, während Danger[5]) den Wurzelstock derselben als giftig und Durchfall erregend bezeichnet.

Feldschierling (Aethusa cynapium) soll von Schafen und Kühen ohne Gefahr beweidet werden, ist aber nicht unverdächtig![1a]).

Mohn (Papaver Rhoeas). Bei massenhaftem Vorkommen im Klee kann das Vieh durch den Genuß von Blättern und Stengeln infolge des Gehalts an narkotischen Stoffen geschädigt werden; besonders durch den opiumhaltigen Milchsaft unreifer Samenkapseln[1a]).

Sandkraut (Arenaria serpyllifolia) wird von Langethal als „gutes Futter" bezeichnet, doch erhielten wir im Jahre 1912 ein schädliches Grünfutter mit etwa 25 v. H. Arenariaanteil. Jedenfalls gibt auch Müller[8]) an, daß es „starkes Speicheln" hervorrufen soll, vielleicht infolge von Befallungspilzen (vgl. Befallungspilze).

β) Gattungen und Familien.

Knötericharten (Polygonum).

Infolge scharfer Inhaltsstoffe (Polygoninsäure?) ist die Verfütterung der Knötericharten bedenklich. Bekannt ist die durch den nahen Verwandten: Buchweizen bei Verfütterung von Spreu, Stoppeln oder Körnern entstehende, als Buchweizenkrankheit bezeichnete Vergiftung bei Ziegen, Schweinen, Schafen, Pferden und Rindern. Einzelne Autoren verlegen die Noxe in die Fruchtschale. M. E. hat diese Anschauung eine gewisse Berechtigung, vgl. später „Kleien". Jedenfalls wirken auf Schafe alle Polygonumarten giftig, während der Windenknöterich gut für Rinder ist und der Flohknöterich nach Thaer als Grünfutter vom Rindvieh gern gefressen wird und ein leidliches Milchfutter bietet. Kleiner Ampfer (Rumex acetosella) erregte bei reichlicher Gabe Diarrhoe bei Schafen[1a]).

Wolfsmilchgewächse.

Von den Wolfsmilchgewächsen (Euphorbien und Mercurialis annua) ist bekannt, daß sie von allen Tieren gemieden werden[6]).

Kreuzblütler.

Schotendotter (Erysinum cheiranthoides) soll in großer Menge beim Beweiden Gesundheitsstörungen auslösen[1a]).

Ackersenf (Sinapis arvensis) soll vor der Schotenbildung verfüttert werden, da sonst purgierend und Speicheln erregend[1a]).

Feldkresse (Lepidium campestre) soll das Vieh durch scharfen Geschmack abstoßen. Die Giftigkeit des Hederichs ist ungerechtfertigt.

Schmetterlingsblütler.

Zottelwicke (Vicia villosa) soll bei Schafen Lupinose erzeugen, während Vicia cracca äußerst nahrhaft und unschädlich ist[1a]).

Nachtschattengewächse.

Schwarzer Nachtschatten (Solanum nigrum) und Bilsenkraut sollen Krämpfe erregen[1a]).

Außer Zweifel steht auch die Giftigkeit des Duwock (Equisetum palustre[7])), während die Schädlichkeit von E. arvense anzuzweifeln ist. Uns ging ein schädliches Kleeheu mit 15 v. H. Schachtelhalm im Jahre 1906 zu.

c) Unkräuter mit ungünstiger Wirkung auf Milchsekretion.

Ackerlauch (Allium vineale) wird zwar gefressen, gibt aber der Milch, ja sogar der daraus bereiteten Butter einen Knoblauch-Geruch bzw. widerlichen Geschmack.

Kleiner Ampfer (Rumex acetosella) verringert den Milchertrag bei Kühen und läßt Milch leicht gerinnen.

Ackertäschelkraut (Thlaspi arvense) beeinträchtigt den Wohlgeschmack der Milch.

Bilsenkraut (Hyoscyamus niger) soll der Milch einen unangenehmen Geschmack verleihen[1a]).

II. Die Früchte und Samen der Feldunkräuter als Bestandteile der Futtermittel.

Die Samen einzelner Feldunkräuter werden selten absichtlich oder bewußt verfüttert. Höchstens die Wickenarten werden in geschrotenem Zustand zur Viehfütterung verwendet. In Dänemark werden Nesselsamen den Pferden als Beifutter gegeben. Sie sollen dadurch weiches, seidenglänzendes Haar bekommen. Gekocht gelten sie auch als gutes Legefutter für Hühner[1a]).

Zumeist finden sich die Früchte und Samen der Feldunkräuter in den Abfällen der Müllerei: Kleien und Futtermehlen, ferner in Getreideschroten sowie in den Abfällen der Oelgewinnung, den sog. Preßkuchen oder Saatkuchen.

Unter den Eingängen schädlicher Futtermittel aus den Jahren 1905—16 wurden von uns folgende noch verdächtige Unkrautsamen festgestellt. Ich gebe die Unkrautsamen unter der botanischen Bezeichnung alphabetisch angeordnet wieder. Die aufgeführten Jahreszahlen bedeuten die Jahrgänge unserer Hochschulberichte als Literaturnachweis.

Agrostemma Githago, Kornrade, in $^2/_3$ der gesamten Einsendungen vgl. Berichte der Kgl. Tierärztlichen Hochschule unter „Botanik". Zumal in den Kriegsjahren häuften sich Futtermittel mit starkem Kornradegehalt. Diese Futtermittel waren als rumänische Kleie oder Auslandskleie bezeichnet und enthielten bis zu 5 v. H. Radeanteile. Ein rumänisches Wickengemenge enthielt etwa 40 v. H. Radesamen, vielleicht infolge schlechter Reinigung oder Zusatz von Getreideausputz. Es ist geradezu erstaunlich, daß noch nicht einmal Klarheit über die Schädlichkeit und die Schädlichkeitsgrenze dieser Radesamen geschaffen worden ist. Nach Klimmers Zusammenfassung[9]) ist die Empfänglichkeit der Tiere schwankend. Nach Hagemann und Brandel[10]) soll die Grenze der schädlichen Wirkung für große Tiere bei einem Vorkommen von etwa 5—12 v. H. in Mehl und Kleie liegen. Nach Müller[8]) tritt mit der Zeit eine Angewöhnung an das Gift ein. Es ist nicht unwahrscheinlich, daß die durch die Tageszeitungen gehenden Mitteilungen über Vergiftung von Schweinen mit rumänischem Futter ihre Stütze in dem hohen Radegehalt solcher rumänischer Kleien finden. Uebrigens soll durch Kornradefütterung die Milchsekretion gefördert, die Qualität der Butter aber herabgesetzt werden.

Bromus secalinus. Beim Putzen und Sortieren des Getreides in Samenhandlungen und Kunstmühlen werden oft große Mengen gewonnen und den Futtermitteln zugesetzt. Ob sie das Mehl ungesund machen, ist fraglich, Ursache sind wahrscheinlich Brandsporen und Kornradesamen[1a]).

Caucalis daucoides, in rumänischer Gerste, 1911.

Chenopodium in Leinmehlen, Schweineschrot und Weizenkleie, 1913, 1914, 1906, 1912.

Cirsium arvense in Hafer, 1910, Blätter in Roggenstroh und -spreu, 1905, 1907.

Cruciferensamen. Hierüber einige Worte!

Gerade bei dieser an allylhaltigen scharfen Oelen reichen Familie ist eine möglichst eingehende Feststellung der Samenart notwendig, damit ein Rückschluß auf die wirklich schädigende Art nach entsprechend langer Erfahrung möglich ist. Erst dann können klärende und beweisende Fütterungsversuche einsetzen. Ausgepreßte Senf- und Hederichkuchen konnten zu 4 kg auf 1000 kg Lebendgewicht ohne Nachteil verfüttert worden, während Camelina sativa-Kuchen für Milchvieh unzuträglich waren. Sinapis arvensis in Gerstenkleie 1906 und russischer Gerste 1900.

In welcher Artenzahl Cruciferen-Unkräuter in Rapskuchen auftreten können, berichtet uns Bille Gran[11]). Er stellte fest: Barbaraea, Camelina, Capsella, Sinapis-Arten, Raphanus, Erysimum cheiranthoides und orientale, Lepidium campestre, Thlaspi arvense.

Galium tricorne in Gerstenkleie, 1906.

Leguminosensamen, insbesondere Platterbsen und Wicklinsen, die oft „geschrotet" gefüttert werden.

Es scheint, daß in der Gruppe der Vicieen (Wickenarten: Platterbse, Wicklinse, Wicke, Erbse) ein bisher unerforschtes Samengift enthalten ist, wahrscheinlich ein flüchtiges Alkaloid, welches eigentümliche Krankheitserscheinungen, als „Lathyrismus" bezeichnet, auslöst. Es ist deshalb besonders angebracht, die Arten dieser Sippe gut auseinanderzuhalten, falls sie in Futtermitteln auftreten.

Wir erhielten Vicieen-Samen in Hafer 1905, Schweineschrot 1906, Roggenkleien 1907, Futtermehl (Lein!) 1909, böhmischer Kleie 1910 und russischer Gerste 1911, außerdem in dem früher erwähnten rumänischen Wickengemenge. Von Interesse ist das im Bericht 1915 erwähnte Auftreten eines Hautausschlags bei Verwendung eines Mischfutters mit reichlichem Gehalt an Zottelwicke. Außerdem sollen große Gaben dieser Samen Kolik erregen[1a]). Lathyrus aphaca fand sich in einem Kraftfuttermittel aus Erbsen und Haferschrot 1910.

Lolium temulentum (Taumellolch, Tollkorn) 1911, 1912 und 1915. In den Früchten dieses Grases findet sich ein brandpilzähnliches Myzel, das die Giftigkeit zu bedingen scheint, immerhin wird von einzelnen Zweifel in die Giftigkeit gesetzt, allerdings sollen myzellose Körner ungiftig sein. Blätter und Stengel werden vom Vieh ohne Nachteil verzehrt.

Polygonumarten. Vor allem in gerstehaltigem Futter: Gerstenkleie, Gerstenschrot, Gerstenmehl (von 21 Eingängen in 13). Vgl. Ber. 1910.

Rhinanthus in Kleie 1910.

Spergula arvensis in Leinmehl und Rapskuchen 1912.

Diese ausführliche Aufzählung habe ich vorausgeschickt, um die Wichtigkeit der Erkennung beigemengter Unkrautsamen darzutun; insbesondere die genaue Artunterscheidung wichtiger Schädigungsgruppen: Cruciferen, Euphorbiaceen, Silenaceen, Chenopodiaceen, Papilionaceen, Polygonaceen. Meist finden sich in den Futtermitteln zur Bestimmung einzelne vollständige Samen vor. So erhielt man durch Sieben mittels

Knops Siebsatz ($1^1/_2$, 1 und $^1/_2$ mm Lochweite) aus einer Kleie folgende ganze Samen: Lepidium, Capsella, Viola, Urtica, Crepis, Erysimum, Chenopodium, Papaver und Euphorbia. Allein in Sesamkuchen ließen sich außer fremdländischen 17 einheimische Unkrautsamen nachweisen.

Das Hauptgewicht meiner Arbeit habe ich nun auf den Nachweis der Feldunkrautfrüchte und -samen gelegt, indem ich nach Merkmalen, welche sich bei Lupenvergrößerung unschwer erkennen bzw. ermessen lassen, für den Praktiker Bestimmungsschlüssel zusammengestellt habe, die auch dem Landwirt und den Samenkontrollstationen einigermaßen nützen mögen.

Daneben war es auch geboten, die beim Mahlprozeß erzeugten Unkrautsamensplitter einer genaueren Erkennung und Bestimmung zuzuführen. Wenn auch bei vielen Samenstücken, zumal den gröberen, die Struktur der Samenschale die Möglichkeit gewährt, meine Bestimmungsschlüssel nebst Abbildungen mit Erfolg zu benutzen, so ist bei feinerer Mahlung die mikroskopische Bestimmung nach dem anatomischen Bau der Schalengewebe und die chemische Prüfung auf extrahierbare Farbstoffe unerläßlich. Da mein Assistent, Herr Johannes Hartmann, diese Seite der Futtermitteluntersuchung in langjähriger Tätigkeit behandelt und durch eine entsprechende Arbeit[12] erfreulich vertieft hat, gebe ich ihm am Schlusse dieses Kapitels gern selbst das Wort und benutze schon hier die Gelegenheit, ihm für seine Mühewaltung bei Zusammenstellung und feinerer Ausgestaltung meiner Tafelfiguren meinen herzlichen Dank auszusprechen.

a) Die Bestimmung der Früchte und Samen unserer Feldunkräuter.

Dieselbe läßt sich ermöglichen einesteils durch naturgetreue vergrößerte Abbildungen, anderenteils durch entsprechende Bestimmungsschlüssel. In bezug auf geeignete Abbildungen können wir zurückgreifen auf einige Veröffentlichungen, welche auch in den folgenden Ausführungen unter entsprechenden Abkürzungen aufgeführt werden sollen.

Abkürzungen: [13] RK = Robert Koerner, Die Unkrautsamen und andere Beimengungen des Mahl- und Schälgetreides. Leipzig, Verlag von H. A. Ludwig Degner. Bemerkung: Die in natürlicher Größe und 4facher Lupenvergrößerung nach Photographie dargestellten Figuren sind zum größten Teil recht brauchbar, wenn sie auch naturgemäß gewisse Feinheiten in der Struktur, die bei Handzeichnungen darstellbar sind, vermissen lassen.

[14] W = Wittmack, L., Gras- und Kleesamen. Berlin, Wiegandt und Hempel. 1873. Die Abbildungen sind sehr sorgfältig ausgeführt. Leider ist infolge der verschiedensten Größenverhältnisse auf ein und derselben Tafel der Vergleich der abgebildeten Samen unliebsam erschwert.

[15]) Bu = Burchard, O., Die Unkrautsamen der Klee- und Grasarten mit besonderer Berücksichtigung ihrer Herkunft. Berlin, Paul Parey. 1900. Die Lichtdrucktafeln geben die Samen in 6—7 facher Linearvergrößerung nach Photographien mittels eines Zeisschen Objektiv a_2 Okular 1 wieder. Infolge der verschiedenen Dicke der Objekte und störender Reflexe lassen einzelne Samen zwar zu wünschen übrig, doch ist diese Gesamtdarstellung äußerst dankenswert.

[16]) Ha = Harz, C. O., Landwirtschaftliche Samenkunde. 2 Bände. Berlin, Paul Parey. 1885. Ein außerordentlich fleißiges Werk. Die Abbildungen der Samen sind meist nur Umrißzeichnungen und stehen den Abbildungen des nächsten Werkes wesentlich nach, doch ist zu beachten, daß der Verfasser den Hauptwert auf den anatomischen Bau legt und hierin ist das Werk ganz besonders hoch einzuschätzen. In den nachfolgenden Angaben drücken die arabischen Ziffern Seitenzahl und Abbildungen, die römischen die Teilfiguren aus.

[17]) No = Nobbe, F., Handbuch der Samenkunde. Berlin, Wiegandt, Hempel und Parey. 1876. Hierin sind die Abbildungen der Samen einwandfrei und bei künstlerischer Darstellung wissenschaftlich durchaus richtig. Es ist bedauerlich, daß dieses vortreffliche Werk keine weitere Auflage erhalten hat.

Daneben habe ich mich bestrebt, für bisher unabgebildete Arten eigene Abbildungen zu liefern. Dieselben bleiben hinter der künstlerischen Darstellung in Nobbes und Wittmacks Schriften zwar zurück, sind aber in Umriß und charakteristischen Strukturfeinheiten möglichst naturgetreu wiedergegeben.

Bei meinen eigenen Abbildungen hätte ich gern eine durchgehende einheitliche Vergrößerung angewandt, doch mußte ich zugunsten einer gefälligen und auch gedrängten Anordnung, besonders auf der beigegebenen Tafel, diesen Gedanken aufgeben. Ich habe aber, um ein rasches Erfassen der Frucht- und Samengröße zu ermöglichen, in allen Figuren durch den Abstand der wagerechten Punktlinien jeweilig die Länge eines Millimeters veranschaulicht. Auch auf den Tafeln ist an geeigneten Stellen Millimeterteilung zum Vergleich eingeschaltet.

Ein fortlaufender Bestimmungsschlüssel über die Früchte und Samen der in Betracht kommenden ungefähr 200 Feldunkräuter würde zu unübersichtlich und für den Gebrauch abstoßend wirken. Ich habe deshalb, möglichst unter Wahrung systematischer Zusammengehörigkeit, das Samenmaterial unter bestimmte Gruppen zusammengefaßt. Jeder Gruppe ist ein Abbildungsverzeichnis mit den vorher erwähnten Abkürzungen beigegeben. Es folgt eine kurze Erläuterung der systematischen Charaktere unter Beifügung von Textabbildungen, und hieran schließt sich ein Bestimmungschlüssel, der unter Zuhilfenahme von Größenmaßen, Form, Farbe, Struktur dem praktischen Tierarzt die Bestimmung einschlägigen Materials ermöglichen, mindestens erleichtern wird.

Gruppenübersicht.
A. Echte Früchte
d. h. samenähnliche, aber aus dem Fruchtknoten entweder direkt oder nach Teilung desselben in Spalt- oder Teilfrüchte hervorgegangene Vermehrungskörper.

1. Oval oder schmallanzettlich, meist von Spelzen umschlossen und vielfach mit grannenartigen Fortsätzen versehen (s. Textabbildungen Fig. I und Tafel VI).
   I. Grasfrüchte, Schalfrüchte, Caryopsen.

2. Oval-platt oder stäbchenförmig, oft längs gerippt, vielfach mit Haarkrone (Federkrone) als Verbreitungsorgan versehen (s. Textabbildung Fig. II und Tafel VI).
   II. Korbblütlerfrucht, Compositenfrucht, Schließfrucht, Achaenium.

3. Dreikantig oder rundlich nußartig, in seltenen Fällen von 3 trockenhäutigen Klappen oder von einem harten 5 zähnigen Kelch umschlossen (s. Textabbildung III und Tafel VI).
   III. Echte Nußfrüchte der Nesseln, Knöterichgewächse, sowie von Knäul, Erdrauch und Finkensame.

4. Linsenförmig platte oder winzig ovale, stark glänzende Samen, die häufig noch von der grauen Fruchthülle bedeckt, ja oft von der 5 teiligen Blütenhülle umschlossen sind (s. Textabbildungen IV und Tafel VI).
   IV. Nußartige Früchte der Gänsefuß- und Amarantarten.

5. Früchte von länglicher, plattherzförmiger recht eigenartiger Gestalt; nur nach Abbildung bestimmbar (s. Textabbildung V).
   V. Früchte der Rapunzel- oder Ackersalatarten.

6. Kugelige, oft bestachelte und gewarzte Teilfrüchte einer Doppelfrucht, bei der Ackerscharte länglich und mit 3 bis 5 kleinen Kelchzähnchen (s. Textabbildung VI).
   VI. Teilfrüchte der Labkrautgewächse.

7. Langovale oder kreisförmige längsgerippte, hie und da bestachelte Früchte mit flacher Fugenseite (s. Textabbildung VII und Tafel VI), oft beim Drücken aromatisch riechend.
   VII. Doppelspaltfrucht der Doldengewächse.

8. Entweder oben spitze, etwas gekielte, höckerige Teilnüßchen mit unten breitem Nabel oder ovale, nach unten zu einem

meist 3 eckigen Nabel verschmälerte Teilnüßchen, die vielfach helle oder dunklere Flecken zeigen (s. Textabbildung VIII und Tafel VI).

VIII. Teilnüßchen der Rauhblättler und Lippenblütler.

9. Keilförmige Teilfrüchtchen mit gebogener oder spiralig gewundener Granne, auch der aus der einseitig geöffneten Teilfrucht entlassene Same keilförmig (Geraniaceen). Nierenförmige keilig zugeschrägte Teilfrüchtchen ohne Grannenanhang (Malvaceen) (s. Textabbildung IX und Tafel VI).

IX. Teilfrüchte der Storchschnabel- und Malvengewächse.

B. Samen oder geschlossen bleibende einsamige Balgkapseln.

10. Formen außerordentlich wechselnd (s. Textabbildung X und Tafel VI.

X. Früchte bzw. Samen der Hahnenfußgewächse.

C. Echte Samen, nur aus der Samenanlage hervorgegangen, in eine sich öffnende Kapsel oder wie bei den Solanumarten in eine Beere eingeschlossen.

11. Ovale bohnenförmige Samen, teils glatt, teils gewarzt, teils grubig, am Nabel mit deutlicher wachsartiger bis fleischiger Mundwarze: Nabelwulst (Caruncula). Undeutlich ist die eingetrocknete Caruncula bei dem silbergrauen am Nabel zugespitzten Bingelkrautsamen, bei frischen Samen ist sie kammförmig (s. Textabbildung XI und Tafel VI).

XI. Nabelwulst tragende Samen der Wolfsmilchgewächse.

12. Infolge des gekrümmten, das Sameneiweiß umschließenden Keimlings (Embryo) meist von nierenförmiger Gestalt, dabei oft mit Warzen oder Stacheln in konzentrischen Reihen. Bei den Mohngewächsen in Form kleiner Bohnen mit Grubenreihen (s. Textabbildung XII und Tafel VI).

XII. Nierenförmige Samen der Nelken-, Nieren- und Mohngewächse.

13. Das den fleischigen Keimblättern anliegende oder denselben aufliegende Würzelchen schon äußerlich an dem meist kugeligen, aber auch ovalen oder kreisförmigen flachen Samen wahrnehmbar (s. Textabbildung XIII und Tafel VI).

XIII. Samen der Kreuzblütler.

14. Bohnen-, linsen- oder kugelförmig, hie und da etwas plattgedrückt oder kantig mit deutlicher, heller gefärbter

Ansatzstelle: Nabel bzw. Samennaht. Bei den Kleearten hebt sich das Wurzelende auch äußerlich als zahnartiger Vorsprung ab. Samenschale glatt und glänzend oder feinrunzelig-matt (s. Textabbildung XIV und Tafel VI).

XIV. Samen der Hülsenfrüchtler.

Anmerkung: Die Samen anderer Pflanzenfamilien lassen sich nur schwer oder gezwungen in besondere Formengruppen einbeziehen, so daß ich den Rest von etwa 40 ungruppierten Samen in einen allgemeinen Bestimmungsschlüssel eingefügt habe, zumal die Samen ein- und derselben Familie, beispielsweise der Braunwurzgewächse, unter sich weitgehende Verschiedenheiten zeigen (s. Textabbildung XV und Tafel VI).

XV. Samen anderer Familien, insbesondere der Winden-, Braunwurz-, Wegerich- und Glockenblumengewächse.

I. Grasfrüchte, Schalfrüchte, Caryopsen*)
(vgl. Fig. I, Tafel VI, Fig. 1 u. 2).

Abbildungen:

Hühnerhirse, Kammhirse, Panicum crus galli L.	RK 48; W 1; Ha 1258, 166 I—III — Fig. I 1, 2.
Borstenhirse, grauer Fennich Setaria glauca R. et Sch.	Ha 1258, 166 XIV—XVI; No 396, 177 (entspelzte Frucht).
[18]) Ackerfuchsschwanz Alopecurus agrestis L.	W 5; Ha 1269, 169 I—III; No 347, 142.
[19]) Windhalm Apera Spica venti P. B.	Bu IV, 50; W 10; Ha 1262, 167 XIV—XVII; No 448, 252.
Weiß-Straußgras Agrostis alba L. = stolonifera Koch (Fioringras).	W 8; Ha 1262, 167 I—IV; No 405, 201.
[20]) Windhafer, Flughafer, Wildhafer Avena fatua L.	RK 2 (Granne fehlt!); Ha 1317, 192 I—III. — Tafel VI 1.
Rohr Arundo Phragmites L. = Phragmites communis Trin.	W 12; Ha 1338, 197 V—IX.
Sommerrispengras Poa annua L.	W 22; Ha 1287, 174 I—III; No 28, 4 — Fig. I 3.
Roggentrespe Bromus secalinus L.	RK 5; W 38; Ha 1224, 152 VII; No 411, 225.
Flattertrespe Bromus japonicus Thnb. = **patulus** M. et K.	Ha 1226, 153 XIV—XVII — Fig. I 4.
Ackertrespe Bromus arvensis L.	W 40; Ha 1224, 152 XI.
(Taube Trespe „ sterilis L.	W 42, a; Ha 1230, 155 I—V.) ⎫ Nur selten
(Dachtrespe „ tectorum L.	Ha 1230, 155 VI—X.) ⎭ auf Aeckern.
Quecke, Kriechweizen Triticum (Agropyrum P. B.) repens L.	RK 52; W 44; Ha 1168, 137 VI; No 414, 233.
Taumellolch Lolium temulentum L.	RK 19; Bu V, 6; W 48 a; Ha 1345, 199 I—IV, IX; No 457, 286. — Taf. VI 2.
Ackerlolch, Leinlolch Lolium remotum Schrnk.	W 48 b; Ha 1345, V—VIII; No 395, 173.

---

*) Sowohl im Abbildungsverzeichnis als auch im Bestimmungsschlüssel bedeutet **Fettdruck**: Textabbildung, S p e r r d r u c k: Abbildung auf beigefügter Tafel VI.

Die Grasfrüchte zeichnen sich dadurch aus, daß eine durch Verwachsung von Samenhaut und Fruchthülle entstandene geschlossen bleibende Frucht von zwei Spelzen (paleae), einer meist dünnen Vorspelze und einer kräftigen Deckspelze, umgeben ist. Letztere deckt die meist gewölbte Seite und trägt öfters eine Granne, d. h. einen schmalen haarartigen Fortsatz, der als Verlängerung der Spelzenspitze (Fig. I, 4) oder als selbständiges Gebilde unterhalb der Spitze, am Spelzenrücken oder Spelzengrunde auftreten kann. Oft ist die Granne gekniet bzw. gewunden (beides vgl. Tafel VI 1). Bei einblütigen Aehrchen kann diese Schalfrucht noch von 2—3 weiteren Spelzen, den Aehrenspelzen, Hüllspelzen oder Klappen (glumae) eingeschlossen werden*).

Abb. I.   Abb. Ia.

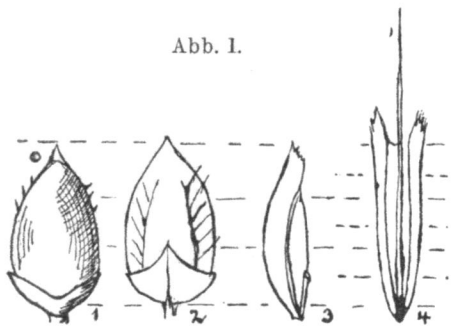 

Schalfrüchte der Gräser.
1 und 2 von Panicum, 2 zeigt den Blick auf die unterste kleine dritte Hüllspelze, 3 Poa annua, 4 Bromus patulus mit Granne.

Zergliedertes Aehrchen.
st das Stielchen der nächst höheren Blüte, welches an der unteren Blüte sitzen bleibt.

Bei den meisten Gräsern mit mehrblütigen Aehrchen bleibt das Stielchen der oberen Blüte an der nächst unteren erhalten (Fig. Ia). Die Gestalt dieses Stielchens ist bei Bestimmung der Grassamen von Bedeutung. Außerdem wird auch die Form der Abfallnarbe des Stielchens (ob gerade oder schräg abgestutzt) zur Bestimmung herangezogen. Die Gestalt der Granne wäre ebenfalls dazu geeignet, setzt aber eine übungsreiche mikroskopische Technik voraus. Am einfachsten bleibt die Bestimmung der Grasfrüchte nach Größe (Länge) und nach der Form (oval, schmallänglich bis lanzettlich). Die Farbe ist wenig ausschlaggebend, da sie sich oft mit dem Alter ändert, verbleicht.

---

*) Diese Klappen umhüllen die Frucht bei allen Hirsearten (Paniceen), bei den Bartgräsern (Andropogoneen), bei Honiggras, Lieschgras, Fuchsschwanz, von gebauten Gräsern bei Spelt, Zweikorn und Emmer (Triticum Spelta, dicoccum und monococcum).

Auffallend ist die dunkle Färbung der Avena fatua-Früchte und das Porzellanweiß des Nichtunkrautes Coix Lacrima.

Bestimmungsschlüssel:

Hierbei versteht sich Fruchtlänge ohne Einschluß der Granne; letztere ist gemessen von der Ursprungsstelle bis zur Spitze.

A. Früchte meist unter 3 mm lang (nie über 4 mm!).

I. oval (vgl. Fig. I, 1), an d. flachen Seite mit 2 Hüllspelzen (eine kleinere am Grunde d. großen).	2/1,2, beide große Hüllspelzen grau, matt, die bespelzte Frucht umschließend.	Setaria glauca.
	3/1,5, oft die äußere begrannte oder stachelspitzige Hüllspelze fehlend, daher glänzende Deckspelze sichtbar.	Panicum crus galli.
II. schmal länglich bis lanzettlich (vgl. Fig. I, 3, 4 und Tafel VI).	unbegrannt { 2,5—3, Deckspelze gekielt.	Poa annua.
	{ 2 (zuweilen schwach begrannt), zartspelzig.	Agrostis stolonifera.
	langbegrannt { 2, Granne bis 10 mm, derbspelzig.	Apera spica venti.

B. Früchte über 4 mm lang.

I. auffalld. behaart.	7, von weißen Haaren eingehüllt, Deckspelze mit grannenartiger gedrehter Spitze.	Arundo Phragmites.
	12—15, dunkle Spelzen mit gelblichen steifen Haaren, Granne rückenständig, gekniet u. gedreht.	Avena fatua.
II. unauffällig behaart.		
Früchte flach	1. 6, grünlich, von den Klappen umgeben, Granne grundständig.	Alopecurus agrestis.
	2. 15, bräunlich, Granne an der Spelzenspitze, 10—15 mm.	Bromus japonicus.
Früchte gewölbt { mit kräftigem Stielchen	{ 6, Granne länger	Bromus secalinus.
	{ 8, „ kürzer	„ arvensis.
	{ 4 grannenlos oder kurzbegrannt,	Triticum repens.
{ mit kurzem Stielchen	{ 6, Granne 6—12	Lolium temulentum.
	{ 5, grannenlos	„ remotum.

II. Korbblütlerfrüchte, Compositenfrüchte (Achaenium)
(vgl. Fig. II und Tafel VI, Fig. 3 u. 19).

Abbildungen:

Kanadisches Berufskraut Erigeron canadense L.	Bu III, 7; No 83, 92.
Deutsches Filzkraut Filago germanica L.	W 69[1-2] — Fig. II 2.
Acker- „ „ arvensis L.	Fig. II 1.
Traubenkraut Ambrosia abrotanifolia L.	Bu V, 5; No 396, 178.
Knopfkraut, Franzosenkraut Galinsoga parviflora Cav.	No 38, 28.
Hundskamille Anthemis Cotula L.	Tafel VI 19.
Acker-Kamille „ arvensis L.	W 71; No 449, 261.
Schafgarbe Achillea Millefolium L.	Bu V, 16; W 70; Ha 844, 49 II.
Echte Kamille Matricaria Chamomilla L.	Ha 845, 50 I—VI.
Falsche Kamille, „ inodora L.	Bu V, 1; No 448, 255.
Saatwucherblume Chrysanthemum segetum L.	Bu III, 19; W 72; No 447, 250.

Vogel-Greiskraut Senecio vulgaris L.	Bu III, 16; W 73a.
Frühlings- „ „ vernalis W et K.	W 73b; No 82, 90.
Acker-Ringelblume Calendula arvensis L.	Fig. II 4.
Ackerdistel Cirsium arvense Scop.	RK 7; Bu III, 17; No 350, 166.
Kornblume Centaurea cyanus L.	RK 6; W 74; No 37, 24.
Sommerflockenblume Centaurea solstitialis L.	Bu III, 21 — Tafel VI 3.
Zaunmilche Lampsana communis L.	Bu III, 22; No 448, 256.
Lammkraut Arnoseris minima Link.	Bu III, 20.
Glattes Ferkelkraut Hypochoeris glabra L.	Fig. II 5.
Herbst-Löwenzahn Leontodon autumnalis L.	Fig. II 7.
Sau- oder Kohldistel Sonchus oleraceus Hill.	No 449, 259.
Rauhe Gänsedistel „ asper All.	Bu III, 39; No 448, 257.
Acker-Saudistel „ arvensis L.	No 448, 258.
Knorpel-Lattich Chondrilla juncea Hill.	Fig. II 6.
Sommerfeste Crepis virens L.	Bu III, 25; No 449, 265 — Fig. II 3.

Die Früchte der Korbblütler sind meist kurz- oder langprismatisch, oft nach oben keilförmig verbreitet, bei geringer Breite wirken sie stäbchenförmig. Einzelne sind mehr oder weniger platt gedrückt (Achillea). Nicht selten sind sie asymmetrisch gekrümmt (Fig. II, 3,

Abb. II.

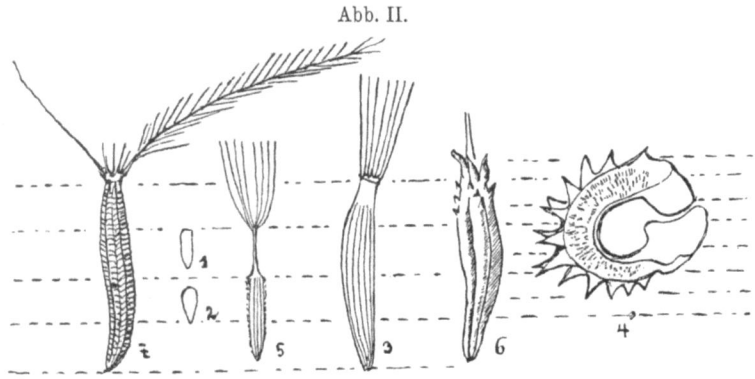

Korbblütlerfrüchte (Achaenien).
1 Filago arvensis, *2* Filago germanica, *3* Crepis virens, *4* Calendula arvensis,
5 Hypochoeris glabra, *6* Chondrilla juncea, *7* Leontodon autumnalis.

6, 7). Vielfach sind die Früchte kantig oder vielriefig bis längsgerippt (Fig. II 3, 5, 6). Zwischen den Rippen finden sich auch Querfalten (Fig. II 7). Oft dient zur Verbreitung durch den Wind eine Haarkrone (Haarkelch, Pappus) am oberen Ende. Die kleinsten, also leichtesten Früchte sind meist pappuslos. Die Haare des Pappus können einfach (Fig. II 3) oder gefiedert (Fig. II 7) sein. Oft wird der Haarkelch durch einen stielartigen Ansatz dem Winde zugänglicher gemacht. Auch dünne Hautränder wie bei Achillea dienen als

Verbreitungsmittel. Zur Verbreitung durch Anhaften (Klettenfrüchte) dienen einesteils hakige Fortsätze (Fig. II 4), anderenteils wahrscheinlich Schleimhaare wie bei Senecio vernalis.

Bestimmungsschlüssel.

Die Maße beziehen sich nur auf den eigentlichen Fruchtkörper, nicht auf den Haarkelch (Pappus), der vielfach abgestoßen oder abgelöst ist.

A. Kleine Früchte, etwa 1,2 mm und darunter.

mit Pappus oder Spreublattschirm { mit Pappus { ohne Pappus {

gerippt {
- ockerbraun, plump, Rücken hell, 0,8 (Früchte der Strahlblüten). — Chrysanthemum segetum.
- horngelb, schräg gestutzt, Rippen elfenbeinweiß, 0,8. — Matricaria chamomilla.

ungerippt, hellbraun, der Pappus ist abgefallen {
- 0,6/0,3, mit zerstreuten Schwellhaaren. — **Filago germanica.**
- 0,6/0,2, also schlanker, haarlos. — ,, arvensis.

1,1, mit bei Benetzung sich sträubenden Schwellhaaren, Pappushaare einfach, aber mit kurzen Fiederansätzen. — Erigeron canadense.

0,5/0,17, etwas kantig, graubraun, Haare am Grunde mit Fiederansätzen. — Gnaphalium uliginosum.

B. Mittelgroße Früchte 1,2—3 mm.

ohne Pappus {

deutlich vielrippige {
- 2, plump, ockerbraun mit helleren Rippen, — Chrysanthemum segetum.
- 1,6/0,7, mit hellgrauen Rippen, dazwischen querfaltig. — Arnoseris minima.

undeutlich gerippt bis kantig {
- 3kantig, schwärzlich, Kanten weißgesäumt; Rücken gewölbt und mit 2 braunen Augenflecken, 2 — Matricaria inodora.
- 2kantig mit häutigem Flügelrand, silbergrau, 2/0,5. — Achillea Millefolium.
- 4—5kantig, schmutzigweiß, glatt, oben ein Spitzchen, 1,5/0,7. — Anthemis arvensis.
- Kantig braun mit Höckerreihen, 1,4/0,6. — Anthemis cotula.

nicht gerippt und kantig, eiförmig, braunglänzend, oft mit 4—5 Kelchzähnen, die abgerieben sein können, 2,5—2. — Ambrosia artemisifolia.

Pappus mit einfachen Haaren {

mit Spreublattschirm von 2,5 dm, schwarz, 1,5. — Galinsogaea parviflora.

Frucht deutlich vielrippig {
- 3,07, hellrötlichbraun mit weißem Vorstoß. — **Crepis virens.**
- 2,9/0,5, hellrötlichbraun, oben mit scharfen Zähnchen. — ,, tectorum.
- 2,5/0,4, hellbraun, glatte Rippen, zwischen ihnen weiße Borstenhaare. — Senecio vulgaris.
- 2,2/0,3, graubraun, schlanker, schwächer gerippt, dicht mit Schleimhaaren besetzt. — Senecio vernalis.

Fruchtflach, jederseits mit 3 Nerven {
- elliptisch braun, feinhöckerig, 2,5. — Sonchus oleraceus.
- breitelliptisch, glatt, 2,5. — ,, asper.

Frucht glatt {
- 3/1,3, graublau mit großen Grübchen, Pappus rostfarben. — Centaurea cyanus.
- 2,6/1,3, elfenbeinweiß mit kleinen Grübchen, Pappus weiß. — Centaurea solstitialis.

Pappus mit Fiederhaaren, 2,9/1,2, mattbräunlichgelb mit Spitzchen (Federkrone oft fehlend). — Cirsium arvense.

C. Große Früchte über 3 mm.

ohne Pappus	5/4—7/6, strohgelb, ringförmig zusammengebogen mit 2 Reihen Haftzähnen.		Calendula arvensis.
	3,7/0,8, strohfarbig, 3 kantig, 5 rippig, schwach gekrümmt.		Lampsana communis.
mit Pappus	Pappus mit einfachen Haaren	Frucht ungeschnäbelt: schwach gerippt, rehbraun, gekrümmt, 4.	Tussilago farfara.
		4 kantig, dunkelbraun, fein querriefig.	Sonchus arvensis.
		glatt, graublau mit rostbraunem Pappus.	Centaurea cyanus.
		Frucht geschnäbelt: rotbraun, Rippen scharf gezähnt, 6	Hypochoeris glabra.
		strohgelb, am oberen breiteren Ende mit Häkchen; Schnabel mit Pappus sich ablösend.	Chondrilla juncea.
	Pappus mit Fiederhaaren, Frucht rotbraun, quergestreift, 4—5/0,5.		Leontodon autumnalis.

III. Echte Nußfrüchte der Nessel- und Knöterichgewächse (Urticaceae und Polygonaceae),

sowie des Knäuel (Scleranthus), Erdrauch (Fumaria) und Finkensamen (Neslea paniculata)

(vgl. Fig. III und Tafel VI, Fig. 4—7).

Abbildungen:

Kleine Brennessel Urtica urens L.	Ha 979, 87 I II — Fig. III 1 a u. b.
Kleiner Ampfer Rumex acetosella L.	W 91; No 348, 152 — Fig. III 2 a u. b.
Krauser Ampfer, „ crispus L.	W 89; — Fig. III 3 a, b, c.
Windenknöterich Polygonum Convolvulus L.	RK 47; W. 95; No 349, 153 — Tafel VI 5.
Vogelknöterich „ aviculare L.	W 94; No 349, 156 — Tafel VI 4.
Ampfer-Knöterich „ lapathifolium L.	Bu IV, 33; W 92; No 349, 155 — Tafel VI 7.
Flohknöterich „ Persicaria L.	W 93 — Tafel VI 6.
Jähriger Knäul Scleranthus annuus L.	Bu V, 2; No 351, 168.
Dauer-Knäul Scleranthus perennis L.	No 351, 168.
Finkensamen Neslea paniculata Desv.	Fig. III 4.
Erdrauch Fumaria officinalis L.	Bu I, 7; No 448, 251 — Fig. III 5.

Die Nessel- und Knöterichgewächse entwickeln ebenfalls keine freien Samen, sondern aus dem Fruchtknoten hervorgegangene hartschalige Schließfrüchtchen (echte Nüßchen im Gegensatz zu den Teilnüßchen der Rauhblätter und Labiaten). Sie zeigen oft noch die Griffel oder Griffelansätze. Dabei sind die Früchte von Urtica (Fig. III, 1) 2 kantig, flach (selten 3 kantig), die Früchte der hier in Betracht kommenden Knöterichgewächse (Polygonaceen) zeigen meist den 3 kantigen Typus (Fig. III, 3 c). Die Früchte der Ampferarten (Rumex) sind meist von der doppelten Blütenhülle umgeben. Die äußere besteht aus 3 kleinen, nach oben geschlagenen Blättchen, die innere aus 3 geaderten großen, nach unten gerichteten, den sog. Klappen. Diese Klappen sind bei den meisten Ampferarten mit halbkugeligen, kissenförmigen, rötlichbraunen Schwielen versehen.

Abb. III.

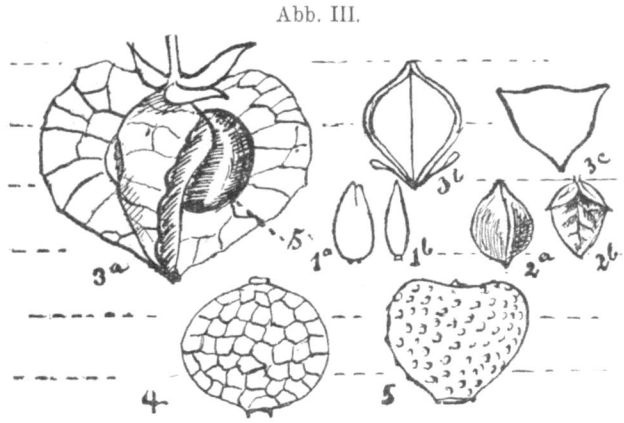

Nußfrüchte.

1 Urtica urens, *a* flache Seite, *b* schmale Seite. *2* Rumex acetosella, *a* Nuß ohne Klappen, *b* Nuß von den Klappen bedeckt. *3* Rumex crispus, *a* mit Klappen umhüllt, *s* Schwiele, *b* dreikantige Nuß mit zurückgeschlagenen Griffeln, *c* Querschnitt durch dieselbe. *4* Neslea paniculata, nußartiges grubig-netziges Schötchen. *5* Fumaria officinalis, gewarztes nußartiges Schötchen.

Die Nußfrüchte des zu den Mierengewächsen gestellten Knäul sind von dem erhärtenden Kelchrohr eingeschlossen, welches noch 5 Kelchzipfel als Flug- bzw. Haftorgan trägt. Als echte Nüßchen sind auch die geschlossen bleibenden Schötchen von Neslea (einer Crucifere) und Fumaria (einer Papaveracee) zu betrachten.

Bestimmungsschlüssel:

a) Nüsse flach, oval 1,2/0,7. **Urtica ureus.**

b) Nüsse 3 kantig, von 3 Klappen umgeben. Gattung Rumex
- Klappen ohne Schwielen, Nuß glänzend rotbraun, 1,2/0,7. **Rumex acetosella.**
- 1 Klappe mit auffallender Schwiele, Nuß mit 3 zurückgebogenen Griffeln, 2/1,5. ,, **crispus.**
- alle 3 Klappen mit Schwielen. ,, **conglomeratus.**

c) Nuß ohne Klappen, 2- und 3-kantig, die Kanten oft gerundet. Gattung Polygonum.
- Nuß flach, 2-kantig
  - 2,5/1,5, kastanienbraun glänzend, fein runzelig. P. **lapathifolium.**
  - 2,75/2, kastanienbraun mit abgesetztem Spitzchen.
  - 2,75/2, kastanienbraun mit abgesetztem Spitzchen. } **Polygonum Persicaria.**
- Nuß 3-kantig
  - 3,4/2,5, dunkelbraun bis schwarz P. **Convolvulus.**
  - 3/1,5, dunkelbraun verschmälert, etwas dachig. P. **aviculare.**

d) Nüsse vom 5- ⎰ hellgelb mit 5 spitzen abstehenden   Scleranthus annuus.
zähnigen Kelche ⎱ Kelchzipfeln.
eingehüllt, etwa ⎰ schmutziggelb mit 5 stumpfen zu-   Scleranthus perennis.
4 mm lang. ⎱ sammengeneigten Kelchzipfeln.
e) Nüsse kugelig, bis kuge- ⎰ olivbraun, gewarzt   **Fumaria officinalis.**
lig herzförmig 2/2,3 ⎱ strohgelb, grubig genetzt.   **Neslea paniculata.**

IV. Nußartige Früchte der Gänsefußgewächse (Chenopodiaceae),

angeschlossen: Same des rauhen Amarant (Amarantus retroflexus)
(vgl. Fig. IV und Tafel VI, Fig. 20, 21).

Abbildungen:

Melde Atriplex patula L.	Bu IV, 31; No 33, 12.
Vielsamiger Gänsefuß Chenopodium polyspermum L.	Bu IV, 31; No 33, 12 — Tafel VI, 21.
Weisser ,, ,, **album L.**	Bu IV, 30; W 87; No 90, 98 — Fig. IV.
Rauher Amarant, Amarantus retroflexus L.	Tafel VI 20.

Abb. IV.

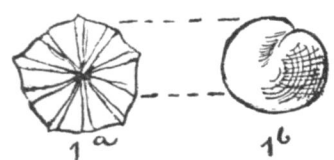

Nußartige Frucht eines Gänsefuß.
1 Chenopodium album, *a* mit übergeschlagener Blütenhülle, *b* von der Fruchthülle befreiter Same.

Die einsamigen Früchte dieser Unkräuter enthalten einen meist dunklen, oft glänzenden, linsenförmigen Samen, dessen Durchmesser 1 mm wenig überschreitet. Derselbe ist stets von einer dünnen grauen Fruchthaut ganz überzogen oder trägt, wenn abgerieben, deren Reste, so daß der Glanz der schneckenförmigen Samen nur teilweise wahrnehmbar ist. Außerdem sind viele Früchte noch von der bleibenden Blütenhülle umschlossen (Fig. IV, 1a). Bei den Melden (Atriplex) liegt die Frucht zwischen 2 spießförmigen, bleibenden Vorblättern.

Bestimmungsschlüssel:

Same flach schneckenförmig, oft von gelbgrauer Fruchthülle oder rautenförmigen dunklen Vorblättern umgeben, bis 3.	Atriplex patula.
Same glänzend braunschwarz, oft von grauen Resten der Fruchthülle bedeckt, 1,3.	**Chenopodium album.**
Same braunschwarz, etwas glänzend, sonst wie vorher. 1.	,, polyspermum.
Same mattschwarz, etwas kugelig gewölbt, 1.	,, Botrys.
Same fast immer frei, spiegelnd, hochglänzend dunkelbraun, 1,2.	Amarantus retroflexus.

V. Früchte der Rapunzel- oder Ackersalat-Arten (Valerianella)
(vgl. Fig. V).
Abbildungen:

Feld-Rapunzel, Valerianella olitoria Moench   No 446, 243 — Fig. V 2.
Gekieltes ,,   ,,   carinata Loisl.   Fig. V 1.
Gezähntes,,   ,,   dentata Poll = Morisonii DC. Bu III, 2 a u. b; No 446, 242.
Geöhrtes ,,   ,,   Auricula DC = rimosa Bast.   Fig. V 3.

Abb. V.

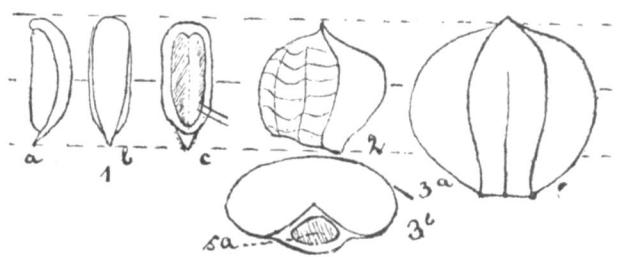

Früchte der Rapunzelarten (Valerianella).
1 Valerianella carinata, *a* Seiten-, *b* Außen-, *c* Innenansicht. *2* Valerianella olitoria.
3 Valerianella Auricula, *a* Außenansicht, *b* Querschnitt, *sa* Same.

Diese Früchte sind von sonderbarer, schwer zu verstehender und sehr wechselnder Form, die bedingt wird durch einzelne samenlose, oft aufgeblasene Fächer.

Bestimmungsschlüssel kann hier infolge der Abbildungen fortbleiben.

VI. Teilfrüchte (Doppelnuß) der Labkrautgewächse (Rubiaceae)
(vgl. Fig. VI und Tafel VI, Fig. 8).
Abbildungen:

[21]) Klettenlabkraut Galium Aparine L.   Ha 1027, 97 IV—VII; No 38, 33 — Fig. VI a—c).

Dreihörniges Labkraut Galium tricorne Wilh.   RK 17; W 68.
Zucker Labkraut   ,,   saccharatum All.   Tafel VI 8.
Ackerscharte Sherardia arvensis L.   Bu II, 37; No 447, 241.

Abb. VI.

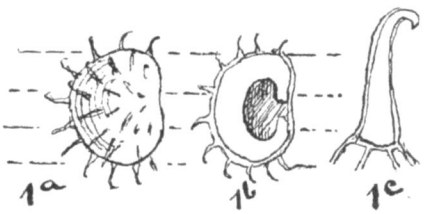

Teilfrucht eines Labkrautes (Galium).
Galium Aparine, *a* Klettenfrucht, *b* dieselbe im Durchschnitt
c vergrößertes Hafthaar (nach Harz).

Der Same ist mit der Fruchthülle verwachsen. Die beiden anfangs zusammenhängenden Kugelfrüchte trennen sich bei der Reife in 2 samenartige Teilfrüchte, die entweder glatt, bestachelt oder gewarzt sind, Bei Sherardia sind die Teilfrüchte etwas länglich und mit dem 4—6 zähnigen Haftkelch gekrönt.

Bestimmungsschlüssel:

A. Teilfrüchte kugelig (hier und da noch zu zweien), an der Ansatzstelle mit mehr oder weniger eingebogenem Grübchen.

Durchmesser 2,2, ovalkugelig, rotbraun mit helleren Strichen, filzig.   Asperula arvensis.

Durchmesser 3 und mehr
- ovalkugelig, schwarzbraun, gewarzt, Warzen mit Hakenhaar 3,3/2,8.   **Galium Aparine.**
- ovalkugelig, dunkelbraun m. weißen Strichen, dicht warzig 3,1.   „ tricorne.
- reinkugelig, hellgraubraun mit gefältelten Warzen 3,4.   „ saccharatum.

B. Teilfrüchte länglichrund mit bleibenden Kelchzähnen.

schwach gekrümmt, schwarz mit weißen anliegenden Haaren 3,2/1,3.   Sherardia arvensis.

VII. Doppelspaltfrüchte der Doldengewächse (Umbelliferae)
(vgl. Fig. VII und Tafel VI, Fig. 9).

Abbildungen:

Venuskamm, Scandix pecten Veneris	Fig. VII 1, a b.
Breitblättrige Turgenie, Turgenia latifolia Hoffm.	Fig. VII 2.
Haftdolde, Caucalis daucoides L.	RK 9.
Sicheldolde, Falcaria vulgaris Bernh.	W 66.
Hasenohr, Bupleurum rotundifolium L.	Bu II, 29 — Fig. VII 3, a, b, c.
Hundspetersilie, Gleiße Aethusa Cynapium L.	RK 46; Bu II, 30; Ha 1048 106 I—IV; No 35, 18 — Fig. VII 4, Taf. VI 9.
Mannstreu, Eryngium campestre L.	Bu II, 24.

Abb. VII.

Doppelspaltfrüchte der Doldengewächse.
1 Scandix pecten Veneris, *a* Fruchtteil, *b* Frucht mit Granne, nat. Größe. *2* Turgenia latifolia (Klettenfrucht). *3* Bupleurum rotundifolium, *a* Rückenansicht, *b* Fugenseite, *c* Querschnitt. *4* Aethusa Cynapium, Querschnitt mit fünf Rippen u. sechs Oelstriemen.

Die Frucht trennt sich bei der Reife von unten nach oben in 2 einsamige Spaltfrüchte. Diese Trennungsfläche wird als Fugenfläche, der nach außen liegende gewölbte Teil als Rücken bezeichnet. Der Rücken führt gewöhnlich 5 Längsrippen (Fig. VII, 4). Die vertieften Riefen heißen Tälchen. In denselben verlaufen vielfach Oelgänge sog. Oelstriemen. Manche Spaltfrüchte führen zwischen den 4 Hauptrippen 4 gleichläufige Nebenrippen. Diese können sogar stärker als jene entwickelt sein und tragen oft Stacheln. Die Umbelliferen-Früchte sind meist größer als 3 mm.

Bestimmungsschlüssel:

Frucht mit 5 deutlichen grannenartigen Kelchzähnen, weiß beschuppt, 4,5.			Eryngium campestre.
Frucht mit einer 30 langen Granne und hellen Rippen, 10/1,7.			Scandix pecten Veneris.
Frucht bestachelt	Nebenrippen mit je 2—3 Stachelreihen.		Orlaya grandiflora.
	„ länger bestachelt als die Hauptrippen.		Caucalis daucoides.
	Nebenrippen und 3 Hauptrippen gleich bestachelt 5.		Turgenia latifolia.
Frucht ohne Grannen und Stacheln	Rippen schwach entwickelt	Spaltfrucht walzig, rotbraun, 3/1,5.	Bupleurum rotundifolium.
		Spaltfrucht stabförmig, lederbraun, 3,5/0,8.	Falcaria vulgaris.
	Rippen deutlich, scharfgekielt, Oelstriemen rot durchscheinend.		Aethusa cynapium.

VIII. Teilfrüchte der Nüßchenträger (Nuculiferae):

Rauhblättler (Boraginaceae) und Lippenblütler (Labiatae)

(vgl. Fig. VIII und Tafel VI, Fig. 10, 11, 22, 23).

Abbildungen:

I. Rauhblättler (Boraginaceae).

Ackerkrummhals Lycopsis arvensis M. B.	Taf. VI 10.
Napfkraut Nonnea pulla DC.	Fig. VIII 1.
Natternkopf Echium vulgare L.	Bu III, 41; No 447, 246 — Taf. VI 11.
Sand-Vergißmeinnicht Myosotis stricta Link = M. arenaria Schrad.	Bu III, 39.
Buntes Vergißmeinnicht Myositis versicolor Smith	
Mittleres „ · „ intermedia Link	Taf. VI 22.
Ackersteinsame, Bauernschmincke Lithospermum arvense L.	RK 22; Bu III, 42; W 80; No 448, 254.
Wachsblume Cerinthe minor L.	Fig. VIII 2 a, b.

II. Lippenblütler (Labiatae).

Gundermann Glechoma hederacea L.	Taf. VI 23.
Ackerhohlzahn Galeopsis Ladanum L.	W 85 1, 2 — Fig. VIII 3.
Gelber Hohlzahn „ ochroleuca Link	Fig. VIII 5.

Stechender Hohlzahn Galeopsis Tetrahit L.	Bu V, 8; W 85, 3, 4; No 447, 249 — Fig. VIII 4.
Umfassende Taubnessel Lamium amplexicaule L.	No 448, 253.
Purpurne „ „ purpureum L.	No 449, 262.
Sumpf-Ziest Stachys palustris L.	Fig. VIII 6.
Acker-Ziest „ arvensis L.	Bu IV, 16.
Jähriges Ziest „ annua L.	
Ackerminze Mentha arvensis L.	Fig. VIII 7.

Abb. VIII.

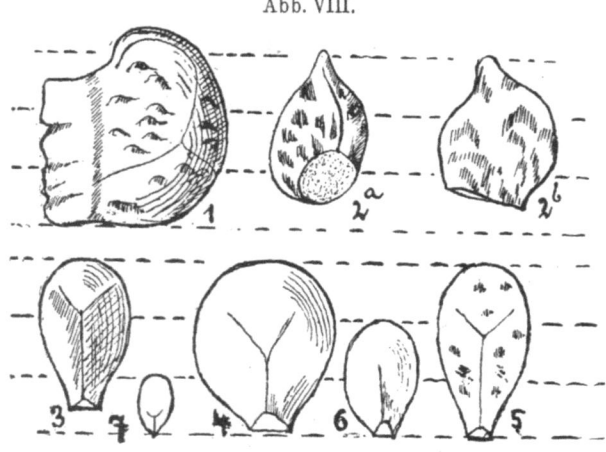

Teilfrüchte der Nüßchenträger.

1 Nonnea pulla (graubraun). *2a* Cerinthe minor, *2b* Seitenansicht (grau, braun marmoriert). *3* Galeopsis Ladanum (graubraun, weißgefleckt). *4* G. Tetrahit (rotbraun, weißgefleckt). *5* G. ochroleuca (hellbraun, dunkel gefleckt). *6* Stachys palustris. *7* Mentha arvensis.

Die Früchte beider Familien entstehen aus einem ursprünglich 2 fächerigen, 2 samigen, später 4 fächerigen Fruchtknoten und bilden bei der Reife 4 harte Nüßchen mit deutlicher Trennungsstelle (falschem Nabel!).

Die Nüßchen der Rauhblättler haben eine verhältnismäßig breite, seitenständige (Fig. VIII, 1 u. Tafel VI, 14) oder grundständige (Tafel VI, 15) Ansatzstelle, sind nach oben kegelförmig und meist deutlich gekielt. Der Grund ist also stets breiter als der Spitzenteil.

Die Nüßchen der Lippenblütler haben einen kleinen Nabel und besitzen ihre größte Breite im oberen Teil. Die Früchte sind vielfach hell oder dunkel gefleckt und die Fruchtwände sind oft quellungsfähig.

Bestimmungsschlüssel:

A. Früchte nach dem Nabel zu am breitesten (Boraginaceen).

Nüßchen über 2 mm lang	Nabel seitenständig {	rehbraun, an Nabel gefurcht, 3/2	Anchusa arvensis.
		graubraun, 3,5/3	**Nonnea pulla.**
	Nabel grundständig Früchte höckerig {	füllhornartig, 3 kantig, niedrig gewarzt, graubraun, 3/2	Echium vulgare.
		füllhornartig, hell oder dunkelgrau, gegen die Spitze längsgefurcht.	Lithospermum arvense.
		glattgrau, braun marmoriert,	**Cerinthe minor.**
Nüßchen 2,5/1,8 unter 2 mm lang {		spiegelnd dunkelbraun, 1,5/1.	Myosotis intermedia.
		1,2/0,8, unten breiter.	„ versicolor.
		1,2/0,7.	„ arenaria.

B. Früchte nach dem Nabel zu verschmälert (Labiaten).

Nüßchen über 2 mm lang, nach innen etwas dreikantig, Galeopsis {		3,2/3 breit, rotbraun mit weißen Filzflecken	**G. Tetrahit** und **pubescens**
		3/1,5, schlanker, hellbraun, zerstreut, schwarz geflecht.	**G. ochroleum.**
		2,5/1,5, matt filzig, graubraun, weiß gefleckt.	**G. Ladanum.**
Nüßchen 2 bis 1,5 mm lang	mit Neigung zur Dreikantigkeit {	rotbraun matt mit weißem Nabelspitzchen, 2/1	Glechoma hederacea.
		hellgraubraun, mit weißen Punkten, 2/0,9	Lamium amplexicaule.
		rehbraun, etwas glänzend, einfarbig oder gering gefleckt mit häutigem, hellerem Nabelansatz, 2/1.	„ **purpureum.**
	nur 1 kantig, Stachys {	braunschwarz, feinrunzelig, 1,7/1,5 breit.	Stachys annua.
		hellbraun, undeutlich heller gefleckt, gewölbter, 2/1,2.	„ **palustris.**
		entfernt schwarz gewarzt, gewölbt, 1,6/1,2.	„ arvensis.
Nüßchen nur 1 mm: hell rehbraun, mit weißem Spitzchen, im Wasser quellend.			**Mentha arvensis.**

IX. Teilfrüchte der Storchschnabel- und Malvengewächse (Geraniaceae und Malvaceae)

(vgl. Fig. IX und Tafel VI, Fig. 24).

Abbildungen:

Schlitzblättriger **Storchschnabel, Geranium dissectum** L.	Bu I, 35 — Fig. IX 1 a u. b.
Niedriger „ „ pusillum L.	No 447, 245.
Reiherschnabel; Erodium cicutarium l'Hérit.	No 486, 323 — Fig. IX 2 a u. b.
Rosspappel, Malva silvvstris L.	RK 24.
Käsepappel, Malva neglecta Wallr.	Bu I, 31; No 35, 20 — Tafel VI 24.

Die Storchschnabelgewächse besitzen 5 an einer Mittelsäule hängende Teilfrüchtchen. Diese lösen sich von derselben entweder mit einer bogenförmig aufwärts rollender (Fig. IX, 1a) oder mit spiralig gedrehter Granne (Fig. IX, 2b) ab.

Bei den Storchschnabelarten werden die Samen aus der Teilfrucht entlassen, meist fortgeschleudert, und besitsen einen 3 kantigen Querschnitt. Bei dem Reiherschnabel öffnet sich die Teilfrucht nicht.

Die Malvengewächse besitzen 10 und mehr Teilfrüchtchen, tortenstückartig um eine fleischige Mittelachse (kurze Mittelsäule) gelagert. Die Teilfrüchtchen haben nierenförmige Gestalt und sind nach innen keilförmig zugeschrägt (Tafel VI, 24).

Abb. IX.

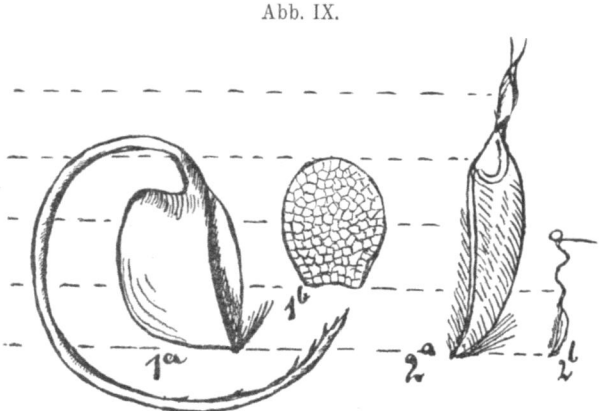

Teilfrüchte der Storchschnabelgewächse.

1 Geranium dissectum, *a* Teilfrüchtchen geöffnet, *b* genetzter Same. *2* Erodium cicutarium, *a* Fruchtteil mit Beginn der gewundenen Granne, *b* Frucht mit Granne. Natürl. Größe.

Bestimmungsschlüssel:

Teilfrüchte mit Grannen Samen keilförmig (Geraniaceae)	Granne nur bogenförmig gewunden	Samen glatt, 1 mm	Geranium pusillum.
		„ genetzt	„ **dissectum.**
	Granne mit spiraligen Windungen	Haare und Teilfrüchte rostfarben	**Erodium cicutarium.**
		Haare und Teilfrüchte weißgrau	„ moschatum.
Teilfrüchte ohne Grannen, Samen nierenförmig (Malvaceae)	Teilfrucht auf dem Rücken runzelig, 1,5/1,6.	Samen sehr ähnlich,	**Malva neglecta.**
	Teilfrucht auf dem Rücken glatt, 2/2.	nierenf. graublau	„ silvestris.

X. Früchte bzw. Samen der Hahnenfußgewächse (Ranunculaceae)
(vgl. Fig. X und Tafel VI, 25, 26).

Abbildungen:

Schwarzkümmel, Nigella arvensis L.   Bu I, 2; Ha 1071, 118 I u. II — Fig. X 2.
Feldrittersporn, Delphinium Consolida L.   RK 14; Bu I, 3; No 464, 293 — Fig. X 3.
Kriechhahnenfuß, Ranunculus repens L.   Bu I, 1; No 341, 158 — Fig. X 1.
Ackerhahnenfuß,   „   arvensis L. RK 31; No 39, 36.
Feuer-Adonis, Adonis flammeus Jacq. Tafel VI 25.
Sommer-Adonis, Adonis aestivalis L. RK 29 — Tafel VI 26.

Die Hahnenfußgewächse besitzen als Früchte kürzere oder längere Balgkapseln, von denen die einsamigen des Hahnenfußes und des Adonis geschlossen bleiben. Die mehrsamigen entlassen ihre von einander recht verschiedenen Samen, so daß wir von dieser artenreichen Familie im Futter teils Früchte, teils Samen zu erwarten haben.

Abb. X.

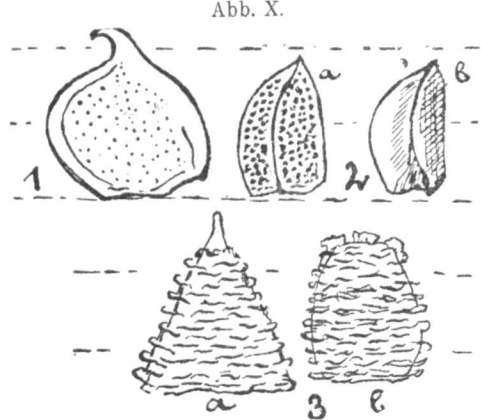

Früchte (Balgkapseln) und Samen der Hahnenfußgewächse.
1 Ranuculus repens: geschlossen bleibende Balgkapsel. *2* Nigella arvensis, *a* beperlter Same, *b* Formenumriß ohne Struktur. *3* Delphinium Consolida, *a* Same tetraëdrisch, *b* Same oval.

Bestimmungsschlüssel:

Schließfrüchtchen, balgkapselähnlich	2,4, glatt, mit Schnabel, feinpunktiert.	Ranunculus repens.
	5, mit kegelförmigen Stacheln.	„ arvensis.
	holzig, zugespitzt, höckerig $\begin{matrix}4/4,3.\\4,8/5\end{matrix}$ plumper.	Adonis aestivalis.
		„ flammeus.
Aechte Samen	Samen dicht mit rauchgrauen Schuppen besetzt, tetraëdrisch, 2/1,5.	Delphinium consolida.
	Samen 3kantig, schwarz beperlt, 1,7/1.	Nigella arvensis.

XI. Nabelwulsttragende Samen der Wolfsmilchgewächse (Euphorbiaceae)
(vgl. Tafel VI, 27—30).

Abbildungen:

Jähriges Ringelkraut, Mercurialis annua L.		Fig. XI.
Sonnen-Wolfsmilch Euphorbia helioscopia L.		Bu IV, 35; W 96; Ha 829, 46, XIV u. XV; No 66, 63 — Tafel VI 27.
Garten „ „	Peplus L.	Ha 829, 46, XVII u. XVIII; No 66, 65 — Tafel VI 30.
Kleine „ „	exigua L.	Ha 829, 46; XX u. XXI; No 64, 66 — Tafel VI 29.
Zypressen- „ „	Cyparissias L.	Ha 829, 46, VIII u. IX; No 66, 62 — Tafel VI 28.

Die bohnenförmigen Samen zeigen einen fleischigen, eingetrocknet wachsartigen Nabelwulst (caruncula)*) und stecken in Teilfrüchtchen,

---

*) Diese Samen, sowie diejenigen von Lamium, Viola und Melampyrum arvense sind myrmekochor.

welche in 2 elastischen Klappen, die Samen fortschleudernd, aufspringen. Diese Fruchtklappen sind den Samen öfter beigemischt.

Abb. XI.

Samen der Wolfsmilchgewächse:
Mercurialis annua.

Bestimmungsschlüssel:

A. Samen nicht viel über 1 mm (unter 1,5 mm).

Grau, grob gewarzt, 1,3/0,9   Euphorbia exigua.
Weißlich grau mit 4 Reihen großer Gruben, an der flachen
Seite 2 Langgruben, 1,4/1.   „ Peplus.

B. Samen über 1,5 mm, etwa 2.

Mit deutlichem ⎰ graubraun, scharfkantig, genetzt, 2,2/1,5.   „ helioscopia.
   Nabelwulst ⎱ braun, bläulich bereift, 1,9/1,3   „ cyparissias.
Nabelwulst eingetrocknet ⎰
undeutlich, frisch kammartig ⎱ silbergrau, glatt, matt, 1,9/1,5.   **Mercurialis annua.**

XII. Nierenförmige Samen der Nelken-, Mieren- und Mohngewächse (Silenaceae, Alsinaceae, Papaveraceae)
(vgl. Fig. XII u. Tafel VI, 31—34, 38.)

Abbildungen:

Kornrade, Agrostemma Githago L.   RK 1; W 65; Ha 1077, 119 IV; No 68, 77.
Gabel-Leinkraut, Silene dichotoma Ehrh.   Bu I, 25 — Tafel VI 32.
Franzosen-Leinkraut, Silene gallica L.   Tafel VI 31.
Nacht-Lichtnelke, Melandryum noctiflorum L.   „ VI 33.
Gipskraut, Gypsophila muralis L.   „ VI 34.
Kuhkraut, Vaccaria segetalis Grcke.   RK 50 — Fig. XII 1.
Rasiges Hornkraut, Cerastium triviale Link.   Bu I, 30; No 68, 78.
Knäul-Hornkraut, „ glomeratum Thuill.   Fig. XII 2 a—c.
Sandkraut Arenaria serpyllifolia L.   Bu I, 28 — Fig. XII 4.
Ackerspark, Spergula arvensis L.   Ha 1086, 122 III.
Frühlingspark, „ pentandra L. (= Morisonii Bor.).   Bu I, 27; Ha 1086, 122 IX; No 484, 318.
Spurre, Holsteum umbellatum L.   No 68, 81 — Fig. XII 3.
Hühnerdarm, Stellaria media Vill.   No 68, 79.
Hornmohn, Glaucium corniculatum Curt.   Bu I, 5, abgebildet ist luteum Scop — Fig. XII 5.
Sandmohn, Papaver Argemone L.   W 60 — Fig. XII 6.
Klatschmohn, Papaver Rhoeas L.   Ha 992, 91 VIII; No 66, 69 — Tafel VI 38.
Saatmohn, Papaver dubium L.   Ha 992, 91 X; No 34, 15.

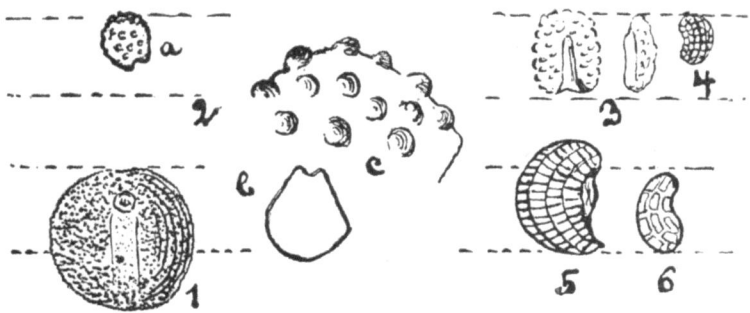

Nierenförmige Samen der Nelken-, Mieren- und Mohngewächse.
1 Vaccaria segetalis (als Ausnahme nicht nierenförmig, sondern kugelig). *2* Cerastium glomeratum, *a* Same, *b* kantige Form (doppelte Vergrößerung), *c* die zerstreute Warzung. *3* Holosteum umbellatum. *4* Arenaria serpyllifolia. *5* Glaucium. *6* Papaver Argemone.

Die Samen dieser 3 Familien lassen sich zu einer Gruppe mit Nierenform zusammenfassen, zu welchen die früher behandelten Chenopodien mit ihren schneckenförmigen Samen enge Verwandtschaft haben.

Die Nierenform entspricht dem gekrümmten, das Nährgewebe umschließenden Keimling. Die Samenschale ist meist mit konzentrischen Höckerreihen geziert, zwischen denen oft eine ornamentale Felderung eintritt (vgl. Tafel VI, 31—34).

Bei den Nelkengewächsen macht der Same des Kuhkrautes (Fig. XII, 1) eine Ausnahme durch seine ausgesprochene Kugelform. Er ähnelt einem Rapssamen, doch besitzt er eine feine gleichmäßige Höckerung und schneeweißes Sameninnere (Endosperm).

Unter den Mierengewächsen ist die Nierenform bei Cerastium durch seitlich abplattenden Druck etwas gestört (Fig. XII, 2b), und Holosteum erscheint kugelsektorähnlich kantig. Der fast kreisrunde Same von Spergula pentandra ist prächtig weiß geflügelt. Die Nierenform der Mohngewächse (Fig. XII, 5, 6) ist etwas schlanker, weniger gedrungen.

Bestimmungsschlüssel:

A. Same sehr klein, höchstens 0,5 mm.

Schwarz, glänzend, nautilusartig, 0,3/0,4 — **Gypsophila muralis.**
Hellrotbraun, zerstreut mit glänzenden Wärzchen bedeckt, etwas kantig, 0,5. — **Cerastium-Arten.**
Schwarz, trocken matt, feucht glänzend mit reizender Felderung, 0,5/0,4. — **Arenaria serpyllifolia.**

B. Same klein, 0,5—1 mm.

Same durch hervortretendes Würzelchen kantig, goldbraun, flach gewarzt, 0,9/0,7.	Holosteum umbellatum.
Same deutlich etwa 1 mit rechteckigen Gruben nierenförmig, 0,8 mit grubig quadratischen {hell bis dunkelbraun / bläulich bis stahlgrau} genetzt Gruben	Papaver Argemone. „ Rhoeas. „ dubium.
Same nierenförmig mit Höckerreihen, rost- bis graubraun, 1	Stellaria media.

C. Same mittelgroß, über 1 mm.

Same kugelig, schwarz, gleichmäßig höckerig, 2/2.	Vaccaria segetalis.
Same nierenförmig { nicht über 1,5 { mit scharfen Grubenreihen, 1,5/1. mit Höcker- { grau, glänzend schwarz punktiert, 1,4/1. mäusegrau, 1,5/1,2. mit nierenförmiger Nabelgrube und Rippenreihen.	Glaucium-Arten. Silene dichotoma. Melandryum noctiflorum. Silene gallica.
3—4, schief zusammengedrückt mit konzentrischen Spitzenreihen.	Agrostemma Githago.

XIII. Samen der Kreuzblütler (Cruciferae)
(vgl. Fig. XIII und Tafel VI, 35—37).

Abbildungen:

Feldkresse Lepidium campestre R. Br.	RK 23 — Taf. VI 37.
Ackertäschel Thlaspi arvense L.	Bu I, 16; W 62; No 67, 75.
Ackersenf Sinapis arvensis L.	RK 37; W 61.
Hederich Raphanus Raphanistrum L.	RK 32; W 64; No 36, 22.
Windsbock Rapistrum perenne All.	RK 33 — Taf. VI 35.
Runzel-Windsbock Rapistrum rugosum Berg.	Taf. VI 36.
Hirtentäschel Capsella bursa pastoris Med.	Bu I, 19; W 63.
Saat-Dotter Camelina sativa Crantz	RK 11; Ha 924, 71 IV; No 95, 104.
Lein-Dotter „ dentata Pers.	Bu I, 17; No 450, 274.
Frühlings-Hungerblume Draba verna L.	RK 49 — Fig. XIII 4.
Kressling Stenophragma Thalianum Celak.	Fig. XIII 3.
Lack-Schöterich Erysimum cheiranthoides L.	Fig. XIII 2.
Germsel Berteroa incana DC.	Fig. XIII 1.

Die Samen der Kreuzblütler enthalten nur den Keimling, der aus dem umgebogenen Würzelchen und den beiden fleischigen, ölhaltigen hie und da gefaltete Keimblättern besteht. Je nach der Lage des Würzelchens kann man 3 Gruppen unterscheiden:

I. Seitenwurzelige: Das gebogene Würzelchen liegt dem Rande der Keimblätter an.

II. Rückenwurzelige: Das gebogene Würzelchen liegt auf dem Rücken eines der Keimblätter.

III. Längsfaltige: Das Würzelchen liegt innerhalb der gefalteten Keimblätter.

Abb. XIII.

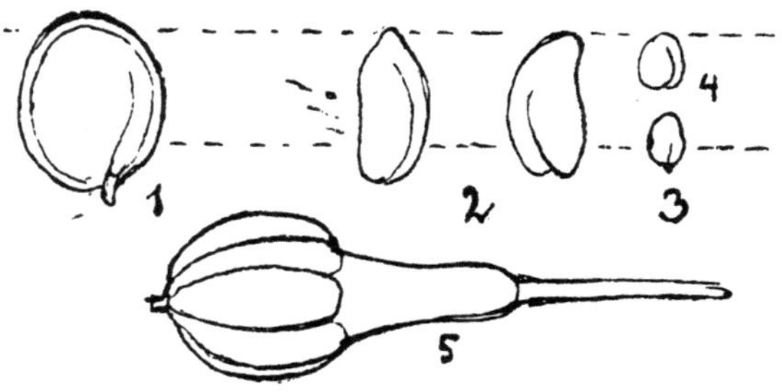

Samen der Kreuzblütler (Cruciferen).
1 Berteroa incana, Samen mit schmalem Flugrand. *2* Erysimum cheiranthoïdes, zwe Samen. *3* Stenophragma Thaliana. *4* Draba verna. *5* Schote von Rapistrum perenne.

Da sich sowohl Würzelchen, als Keimblätter in ihren Konturen durch die Samenschale hindurch etwas abzeichnen, haben wir bei I meist flache, bei II meist ovale bis walzliche, bei III runde Samen. Bei Neslea wird der Same nicht frei, sondern verbleibt in dem nußartigen Schötchen, ganz wie beim Erdrauch. (vgl. Echte Nußfrüchte!)

Bestimmungsschlüssel:

A. Samen höchstens 1 mm.

0,3/0,2, gelbbräunlich.	**Stenophragma Thaliana*).**
0,4/0,3, gelbbräunlich, etwas rauh mit Nabelspitze, plumper.	**Draba verna*).**
1, rotbraun, flach langoval.	Cápsella bursa pastoris.

B. Samen über 1 mm.

Neben d. Würzelchen mit Doppelfurchen { 2,5/3, kugelig, dunkelbraun, zart genetzt.	Raphanus Raphanistrum.
1,8/1,8, fast glatt, braun.	**Rapistrum perenne.**
1,9/1,3, also schlanker; hell rotbraun.	„ rugosum.
mit Flugrand, flach, goldbraun, 1,6/1,1	**Berteroa incana.**
kugelig, glatt, schwarz, 1,5.	Sinapis arvensis.
zusammengedrückt, konzentr. gefurcht, braunschwarz glänzend, 2.	Thlaspi arvense.
langoval, gelbbraun, 1,4.	**Erysinum cheranthoides.**
walzlich oval, gelbbraun, glatt, 1,8/2,2.	Camelina sativa.
etwas größer bis 2,8.	„ dentata.
oval, zugespitzt, graubraun mit dunkleren Seiten 2/1,2.	Lepidium campestre*.

*) Lepidium campestre besitzt Samen, aus deren rauher Schale beim Befeuchten ein gallertiger Schleim gleich Perlen hervorquillt und schließlich in langen zarten Schleimstrahlen den Samen umgibt (Tafel VI 37). Aehnlich scheint es nach der Anmerkung Burchard's (l. c. S. 18) mit Erysimum orientale R. Br. zu sein. Auch Harz gibt S. 916 an, daß manche Samen der Cruciferen bei der Reife in ihrer Samenschale reichlichen Pflanzenschleim erzeugen. Ebenso verhalten sich auch die winzigen Samen von Draba verna und Stenophragma Thaliana (Verbreitungsmittel?).

XIV. Samen der Schmetterlingsblütler (Papilionaceae)
(vgl. Fig. XIV und Tafel VI, 12—16).

Abbildungen:

Ackerklee, Hasenklee Trifolium arvense L.	No 399, 186 — Fig. XIV 3.
Hopfenklee Medicago lupulina L.	Fig. XIV 2.—Hülse: Taf. VI 13.
(NB. Die mit fremden Samen eingeschleppten Schneckenkleearten sind ausgeschaltet.)	
Schmalblättrige-Wicke Vicia angustifolia All.	RK 44.
Ungarische „ „ pannonica Jacq.	RK 40.
Vogelwicke „ cracca L.	Taf. VI 12.
Zottelwicke ,, villosa Roth.	RK 43 — Fig. XIV 1.
Rauhe Wicklinse Vicia hirsuta L.	No 65, 59.
Viersamige Wicklinse Vicia tetrasperma L.	No 29, 8.
Rauhe Platterbse Lathyrus aphaca L.	RK 34 u. 36 — Taf. VI 14.
Blattlose Platterbse Lathyrus Nissolia L.	Taf. VI 16.
Erdmandel Lathyrus tuberosus L.	RK 20 — Taf. VI 15.

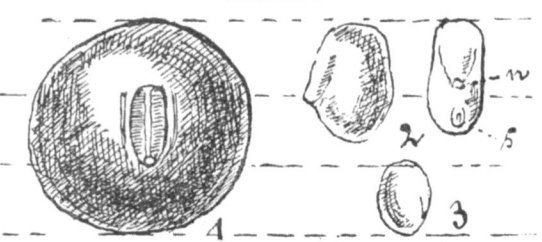

Samen der Schmetterlingsblütler.
1 Kugeliger Same von Vicia villosa. *2* Same von Medicago lupulina mit zahnartigem Vorsprung, Seitenansicht mit $n =$ Nabel und $s =$ Strophiolum. *3* Ovaler Same von Trifolium arvense.

Die Hülsenfrüchte besitzen wie die Kreuzblütler, einen gekrümmten Embryo. Das eigentliche Nährgewebe ist auf kümmerliche Reste beschränkt, so daß die Samenlappen (Kotyledonen) zu Nährstoffbehältern geworden sind. Infolgedessen sind die Samenlappen fleischig bis hornig, dick halbkugelig oder ellipsoidisch und geben dem Samen eine kugelförmige, linsenförmige oder bohnenförmige Gestalt. Die kugeligen Samen sind hie und da etwas plattgedrückt und werden auch unregelmäßig kantig oder beulig. Die Samen sind häufig bei derselben Art verschieden gefärbt: gelb, hellbraun, dunkelbraun usw., auch die dunkle Scheckung kann hie und da fehlen. Steht das Würzelchen von den Kotyledonen ab, so zeigt der Same einen zahnartigen Vorsprung am Nabel (Fig. XIV, 2). Liegt das Würzelchen den Keimblättern dicht an, so ist der Same rein oval, wie bei Trifolium arvense (Fig. XIV, 3). Beim Hopfenklee (XIV, 2) bleibt der Same meist in der dunklen, schneckenartig gekrümmten, nierenförmigen, mit starkem Adernetz versehenen Hülse (Tafel VI, 13), die dadurch für die Erkennung der Art charakteristisch wird. Der Nabel hebt sich bei den Papilionaceensamen meist durch besondere Färbung und Deutlichkeit von der Samenschale (Testa) ab. Außerdem findet sich in einiger Entfernung vom Nabel ein m. o. w. deutlicher Höcker oder Wulst, das Strophiolum (XIV, 3 s). Die Länge des Nabels, welche allerdings bei derselben Art etwas schwankend ist, kann zur Bestimmung der Samen herangezogen werden. Man gibt sie am besten in Bruchteilen des Samenumfanges an.

Bestimmungsschlüssel:

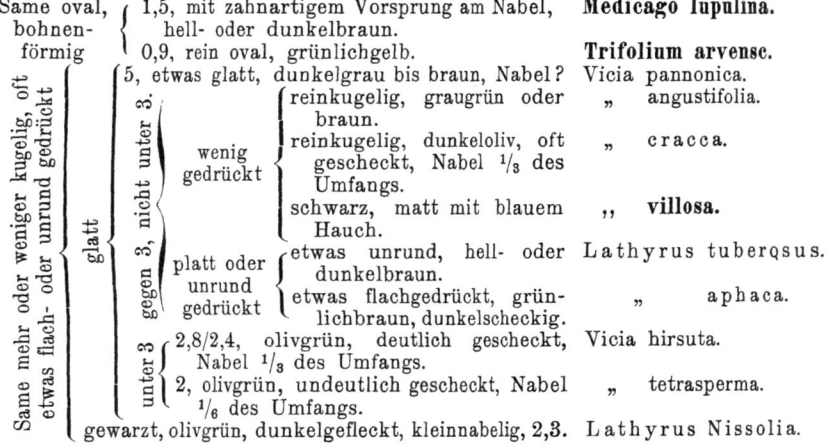

XV. Samen verschiedener Pflanzenfamilien.
(vgl. Fig. XV u. Tafel VI, 17, 18, 39, 40, 41, 42.)

Abbildungen:

Liliaceae:

Feuerlilie, Lilium bulbiferum L.　　　　　　　Fig. XV 1.
Muskatträubchen, Muscari botryoides Lam. et DC.

Oxalidaceae:

Aufrechter Sauerklee, Oxalis stricta Jacq.　　　Bu I, 36; No 450, 272.

Violaceae:

Feldstiefmütterchen, Viola tricolor.　　　　　　No 17 b.

Primulaceae:

Ackergauchheil, Anagallis arvensis L.　Bu IV, 26; No 33, 14 — Tafel VI 41.

Convolvulaceae:

Ackerwinde, Convolvulus arvensis L.　　RK 8; Bu V, 7; W 75; Ha 153, 36; No 449, 260.

Kleeseide, Cuscuta Epithymum Mur.　　Bu III, 37; W 76; Ha 159, 37 VII.
Flachsseide. „　Epilinum Wh.　　　　W 78; No 187, 13 u. 477, 311.
Außerdem C. lupuliformis Krock.　　　W 79; Ha 759, 37 X; No 477, 312.

Abb. XV.

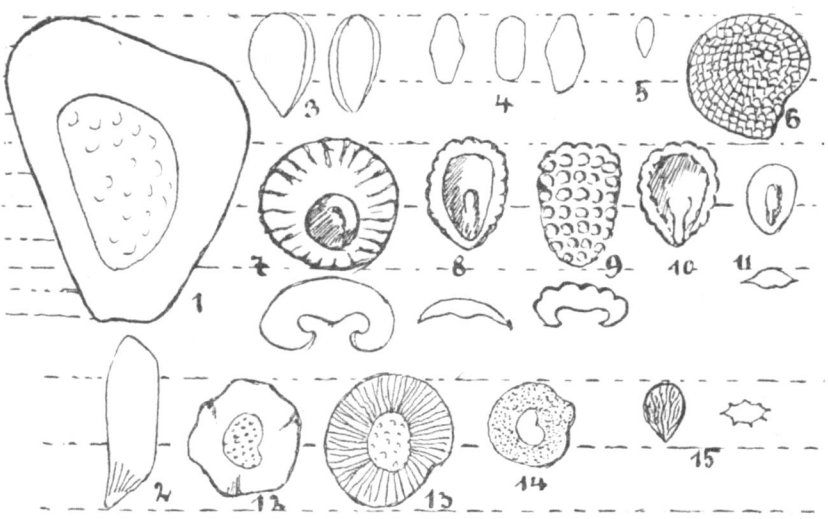

Samen verschiedenster Familien, insbesondere der Glockenblumen-, Wegerich- und Braunwurzgewächse.
1 Lilium bulbiferum. *2* Melampyrum arvense. *3* Campanula rapunculoides. *4* Specularia Speculum. *5* Jasione montana. *6* Solanum nigrum. *7* Veronica hederifolia. *8* Veronica agrestis. *9* Veronica Tournefortii. *10* Veronica triphyllos. *11* Veronica serpyllifolia (*7, 8, 9, 11* mit Querschnittsform darunter). *12* Linaria vulgaris. *13* Linaria spuria. *14* Linaria arvensis. *15* Linaria minor.

Solanaceae:

Schwarzer Nachtschatten, Solanum nigrum L.		Fig. XV 6.
Bilsenkraut, Hyoscyamus niger L.		Bu III, 46 — Tafel VI 40.

Scrophulariaceae:

Tännel-Leinkraut, Linaria		Elatine Mill.	No 449, 267.
Unechtes	,,	,. **spuria Mill.**	Bu III, 47 — Fig. XV 13.
Kleines	,,	,, **minor L.**	No 449, 266 — Fig. XV 15.
Ackerleinkraut,	,,	**arvensis L.**	Fig. XV 14.
[22)] **Frauenflachs,**	,,	**vulgaris L.**	No 66, 70 — Fig. XV 12.
Acker-Löwenmaul, **Antirrhinum orontium** L.			Tafel VI 42.
Quendel-Ehrenpreis, Veronica serpyllifolia L.			Fig. XV 11.
Dreiteiliger Ehrenpreis, ,, **triphyllos L.**			Fig. XV 10.
Großer Ehrenpreis, ,, **Tourneforti Gmel.**			Fig. XV 9.
Acker- ,, ,, **agrestis L.**			Bu IV, 1; No 354, 170 — Fig. XV 8.
Epheu-Ehrenpreis, ,, **hederifolia L.**			Fig. XV 7.
Acker-Wachtelweizen, Melampyrum arvense L.			RK 26 u. 51; W 81 — Fig. XV 7.
Zahntrost, Odontites verna Dum.			Tafel VI 39.
Ackerklappertopf, Alectorolophus major Rehb.			W 82; Ha 970, 85; No 67, 72b.
,, var. hirsutus All.			RK 54; No 67, 72c — Tafel VI 17.
Hanfkrebs, Orobanche ramosa L.			Ha 975, 86 VIII.
Kleekrebs, ,, minor L.			W 83.

[22)] Tafel IV, 10.

Plantaginaceae:

Spitzwegerich,	Plantago	lanceolata L.	W 86; Ha 985, 89 I—III; No 361, 171 — Tafel VI 18.
Sandwegerich,	„	arenaria W u. K.	
Breitwegerich,	„	major L.	Ha 983, 88 III.

Campanulaceae:

Acker-Glockenblume, Campanula rapunculoides L. Fig. XV 3.
Frauenspiegel, Specularia Speculum DC. fil.   Bu III, 36 — Fig. XV 4.
Berg-Jasione, Jasione montana L.   No 349, 162 — Fig. XV 5.

Bestimmungsschlüssel:

A. Same klein, höchstens 1,2 mm lang, alle ungeflügelt.

a) flach oder platt { 2 spitzig mit Querrunzeln, 1,2/0,7.   Oxalis stricta.
  { oval, stark glänzend braun { 1/0,5.   **Specularia Speculum**
  { 0,6/0,2.   **Jasione montana.**

b) kantig { 3 kantig, oft noch zu Päckchen vereinigt, spitz gewarzt, dunkel, matt, 1/1.   Anagallis arvensis.
  { 1 kantig (Kugelsektor), etwas { feingrubig, 0,9.   Cruscuta Epithymum.
  { beulig, bräunlich, { grobgrubig, 1,2/0,9   „   Epilinum.
  { unregelmäßig kantig, braun, feinwarzig, 0,8/1,2.   Plantago major.

c) oval { nußartig, mit { Flügelleisten, scharf   **Linaria minor.**
  { Flügelleisten, { „ stumpfer, braun-   „ Elatine.
  { 0,8 { schwarz
  { schildförmig { 0,8, honiggelb   **Veronica serpyllifolia.**
  { gehöhlt { 1, goldgelb, querrunzlig.   ,,   arvensis.

d) keulenförmig, 0,3, feingenetzt, vor der Spitze nierenförmig eingedrückt.   Orobanche ramosa.
   nicht nierenförmig.   „   minor.

e) schildkrötenförmig, schokoladenbraun; oben gekielter Schild, Unterseite fußartig zerklüftet, 1,2/0,7.   Antirrhinum Orontium.

B. Same mittelgroß (mehr als 1,2 bis zu 3 mm).

geflügelt oder mit schmalhäutigem Rand { mit breitem Flügelrand, flach { Flügel deulich geadert, bronzefarben, 2,2.   **Linaria spuria.**
  { Flügel fein gewarzt, hellgraubraun, 1,3/1,3.   ,, arvensis.
  { Flügel undeutlich geadert, bronzefarben, 1,8/1,5.   ,, vulgaris.
  { häutig berandet, oval, hellbraun spiegelnd, 1,5/0,9.   Campanula rapunculoides

Samen ungeflügelt {
a) schildlausartig, hohloval bis hohlkugelig { grobgewarzt { 1,5/1   **Veronica triphyllos.**
  { 2/1   ,, Tournefortii.
  { querrunzelig { 1,8/1,4   ,, agrestis.
  { halbkugelig, 2/2   ,, hederifolia.

b) birnenförmig mit Nabelwulst, hellbraun glänzend, 1,2/1,5.   Viola tricolor.

c) eckzahnartig, 1,8/0,8, elfenbeinweiß mit Längsrippen, Zwischenfelder fein quergestreift.   Odontites verna.

d) nierenförmig { feinnetzig, 1,7/1,3, hellockergelb.   **Solanum nigrum.**
   platt { grobwarzig, 1,4/1, silbergrau.   Hyoscyamus niger.

e) kugelig, schwarz, feinrunzelig mit breitem Ansatz, 1,5.   Muscari botryoides.

f) weizenkornartig, mattschwarz, goldhaarig, am unteren Ende weiß gefältelt, 2,7/1.   **Melampyrum arvense.**

C. Same groß, über 3 mm lang.

geflügelt flach	{ breitgeflügelt, 10/8.	**Lilium bulbiferum***).
	{ schmalgeflügelt, graubraun matt, 4/3,5.	Alectorolophus hirsutus.
ungeflügelt	{ oval mit Fugenspalte, 3/1,2, braunrot bis dunkelbraun, gleichfarbig.	Plantago lanceolata.
	{ mit hellerem flachen Rücken.	Plantago arenaria.
	{ Kugelsektorartig vom Typus der Rauhblättler, 4, schwärzlich warzig.	Convolvulus arvensis.

b) Der Nachweis geschrotener und vermahlener Unkrautsamen in Futtermitteln.

Bearbeitet von Johannes Hartmann.

Die Erkennung mehr oder weniger fein zerteilter Unkrautsamen ist ein Gebiet der Futtermitteluntersuchung, welches größere Beachtung und weiteren Ausbau verdient. Zwar ist die Reinigung zu menschlicher Nahrung dienender Cerealien in den Kulturländern derart vervollkommnet worden, daß Unkrautsamen nur noch selten durch den direkten Mahlprozeß in Kleien und Mehle gelangen. Aber der gerade hierdurch entstehende „Ausputz", der neben Getreidebruchkörnern vorwiegend aus Unkrautsamen besteht, verlockt dazu, ihn einer Verwertung als tierisches Futter zuzuführen. Dies aber geschieht häufig dadurch, daß er, geschroten oder vermahlen, Kleien und anderen Futtermitteln wieder zugesetzt wird.

Die Erkennung dunkelgefärbter größerer Unkrautsamen bietet selbst in Bruchstücken mit der Lupe oder dem binokularen Mikroskop in hellgefärbtem Futtermaterial unter Benutzung der vorangegangenen Tabellen keine Schwierigkeiten. So sind besonders die papillentragenden Bruchstücke der Kornradesamen leicht zu erkennen, ebenso Bruchstücke von Knöterichsamen, insbesondere die des Ackerknöterichs (Polygonum convolvulus), welche durch ihre teilweise Begrenzung durch gerade Linien auffallen, da die Samen vornehmlich an ihren Kanten zerspringen. Oft ist es möglich durch sorgfältiges Auszählen einer bestimmten Menge des Futtermittels (10 g) den Prozentsatz des Gehaltes zu ermitteln. So läßt sich vor allem schätzen, wieviel Splitter der anwesenden Größe die Umhüllung eines Radesamens ergeben. 90 Radesamen aber wiegen etwa 1 g. Manche Samenschalenbruchstücke fallen durch ihre glänzende Oberfläche in die Augen (Amaranthus retroflexus, Polygonum persicaria und Lapathifolium), andere durch ihre gescheckte Färbung (Wickenarten).

---

*) L. bulbiferum tritt im sächsischen Erzgebirge bei Lauenstein und Bärenstein als Feldunkraut auf.

Das mikroskopische Präparat ohne besondere Vorbehandlung liefert nur selten Nachweise von Unkrautsamen. In der Regel sind die Bruchstücke zu undurchsichtig, um ohne Aufhellung charakteristische Zellstrukturen erkennen zu lassen. Der Inhalt des Mehlkörpers der Samen bildet hingegen zuweilen einen ergänzenden Nachweis. So ist Wickenverunkrautung durch die ovalen längsspaltigen Stärkekörner in Futtermitteln nachzuweisen, die nicht an sich Leguminosen enthalten. Besondere Bedeutung ist den sehr kleinen Stärkekörnern der Kornrade beigemessen worden, die in Ballen von unregelmäßig langgestreckter Form zusammenhalten. Es sei jedoch bei deren Nachweis besondere Sorgfalt angeraten. Oft lösen sich die Massen in die Einzelkörner auf und dann ist es nur bei besonders hohem Radegehalt möglich durch deren große Zahl Rade zu erkennen. Auch auf Verwechselung mit isolierten Proteinkörnchen der Kleberzellen sei hingewiesen. In Zweifelsfällen ist es notwendig, die Stärkenatur der Körnchen durch die Bläuung mit Jod nachzuweisen.

Die Mühsamkeit, mit der feine Verunreinigungen in Kleien und Mehlen erkennbar sind, ließ chemische Hilfsmittel zu ihrem Nachweis wünschenswert erscheinen. A. E. Vogl[24] glaubte in salzsäurehaltigem Alkohol (5 v. H. Salzsäure in 70 v. H. Alkohol) ein Mittel gefunden zu haben, um nicht nur Mutterkorn (durch Rotfärbung), sondern auch Wicken-, Kornrade- und Taumellolchverunkrautung in Kleien und Mehlen nachzuweisen. Ich habe durch eingehendere Untersuchungen festgestellt[12], daß diese Probe unzuverlässig ist, daß Kulturpflanzensamen, insbesondere Roggen, oft starke Färbungen ergeben, die der Unkrautsamen aber oft versagt, trotz deren Anwesenheit. Zum Nachweis der Samen des Ackerklappertopfes (Rhinanthus maior hirsutus) sowie des Ackerwachtelweizens (Melampyrum arvense) ist die Voglsche Probe ein geeignetes Mittel. Bei genügend langem Kochen von 2 g des Futtermittels mit 10—15 ccm obiger Flüssigkeit im Reagenzrohr tritt, falls 1 v. H. obiger Samen anwesend sind, eine starke Grün- und Blaugrünfärbung auf, die durch eine Spaltung des glukosidischen Giftstoffes Rhinanthin, den diese Samen führen, hervorgerufen wird. Auch die Samen von Odontites verna, die allerdings kaum in Futtermittel übergehen dürften, besitzen diesen Giftstoff.

Ueber andere Färbungen durch Unkrautsamen wolle man die Arbeit selbst einsehen. Es sei hier nur bemerkt, daß viele Unkrautsamen (Cruciferen, Mohn, Knöterich und Chenopodiumarten) gelbe oder öligbraune Färbungen bedingen können.

Zum Nachweis von Taumellolch, wie auch für Mutterkorn habe ich im Anschluß an Hiltner[25] und Barnstein[11] eine Abänderung der Voglschen Probe vorgeschlagen dergestalt, daß man 1 g des Futtermittels mit 5 ccm des salzsäurehaltigen Alkohols kurze Zeit erwärmt und den geschüttelten Inhalt des Reagenzglases auf einen weißen Porzellanteller ausgießt. Auffällig gefärbte Teilchen sind dann auszulesen und nötigenfalls durch Anfertigung von Querschnitten unter dem Mikroskop zu bestimmen. Ich habe dafür in meiner Arbeit eine Bestimmungstabelle gegeben, aus der hier hervorgehoben sei, daß Taumellolchteilchen sich infolge eines roten Farbstoffes in den Querzellen meist rot färben. Auf den mikroskopischen Nachweis des Pilzmycels, welches die Giftigkeit dieser Samen zu bedingen scheint, darf nicht verzichtet werden. Bruchstücke von Bromusarten sind bei obiger Behandlung lebhaft braun gefärbt, infolge eines Farbstoffes in der Testa. Sie sind im Querschnitt durch besonders dicke Eikernreste

Abb. XVI.

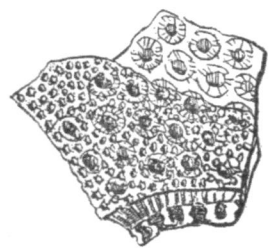

Samenschalenstück von Vicia hirsuta, 200 × vergr.
(schwach aufgehellt, hellbraun). Palisadenzellen, darunter Sanduhrzellen.

kenntlich. Teilchen mit anthocyanartigen Inhaltsfarbstoffen werden durch diese vorgeschlagene Behandlung besonders leicht auffindbar, da sich dieselben durch den sauren Anteil des Gemisches lebhaft rot färben. So fallen Wickenarten, in denen solche Farbstoffe in den Palisadenzellen oft ungleich verteilt sind, durch ihr geschecktes Aussehen auf. Die Pappuskelchhaare der Kornblume färben sich lebhaft rot usw. Legminosensamenschalensplitter verraten sich unter dem Mikroskop auch dann, wenn sie nur gleichmäßig bräunlich gefärbt sind, durch die großzellige Schicht der Sanduhrzellen (die dann meist den braunen Inhalt führen) über oder unter (je nach Lage des Präparates) der in der Aufsicht kleinzelligen Schicht der Palisadenzellen (Abb. XVI). Cruciferensplitter dagegen haben in der Flächenaufsicht nur eine Schicht gleichgroßer etwas weitlumiger Zellen (Abb. XVII).

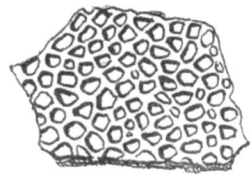

Abb. XVII.

Samenschalenstück von Hederich, 200 × vergr.
(schwach aufgehellt, hellbraun).

Die Splitter der Embryonen mancher Unkrautsamen sind schon im unbehandelten Futtermittel, soweit es sich um weißlich gefärbte Mehle oder Kleien handelt, oft durch ihre wachs- bis orangegelbe Farbe kenntlich, so sind beispielsweise Cotyledonenbruchstücke von Wicken leicht zu erkennen. Man kann diese Gelbfärbungen steigern, indem man 1 g des Futtermittels mit verdünnter Kali- oder Natronlauge schüttelt und wiederum auf einem weißen Teller ausgießt. Es gelang auf diese Weise Embryostücke von Kornrade in Kleien (mit Hilfe von Querschnitten) nachzuweisen. Da in der Kornrade der Embryo der Sitz des Giftstoffes ist, hat dessen Nachweis besondere Bedeutung.

Kleine dunkle, beziehentlich schwarze Samenschalensplitter entgehen bei den bisherigen Methoden der Feststellung; denn wenn sie auch aus der salzsauren Aufschwemmung leichter herauszulesen sind, so sind ihre Flächenbilder doch unter dem Mikroskop zu dunkel, um durch die Struktur ihre Zugehörigkeit bestimmen zu können, und Querschnitte sind infolge der Kleinheit unmöglich.

Hier muß ein durchgreifendes Aufhellungsverfahren stattfinden, welches zum Nachweis von Ricinussamenschalensplittern in Kleien empfohlen wird. Dieses läßt sich überhaupt zum Nachweis von mancherlei Verunreinigungen in Futtermitteln anwenden. 5 g des Futtermittels werden in 5 v. H. Kalilauge gekocht, deren Quantität man je nach dem Stärkegehalt des Futtermittels bemessen wird. Der Kochbecherinhalt wird dann mit Wasser geschlemmt, alle verquollene Stärke und die spezifisch leichten Teilchen werden fortgewaschen. Der Rückstand wird mit 50 proz. Salpetersäure aufgekocht (Fig. XVIII—XX).

Diesen starken Aufhellungsverfahren widerstrebt nur ein Teil der dunklen Unkrautsamenarten[*]. Wie Rizinus zunächst auch die

---

[*] Stark aufgehellt werden z. B. Delphinium consolida, Polygonum convolvulus, Papaver Rhoeas.

Abb. XVIII.

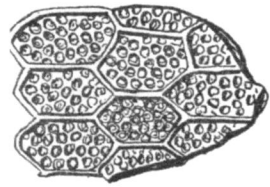

Samenschalensplitter von Amarantus retroflexus
(stark aufgehellt, rotbraun), 200 × vergr.

Unkraut-Euphorbiaceen. Sie zeigen unter dem Mikroskop ganz ähnliche Bilder wie Rizinus, nämlich bogig verlaufende, jetzt rotbraun gefärbte Palisadenzellen (Fig. XIX). Nur durch sorgfältige Vergleiche und Messungen ist es vielleicht möglich auch die Artzugehörigkeit der Splitter zu bestimmen. Ebenso widerstandsfähig gegen Aufhellung

Abb. XIX.

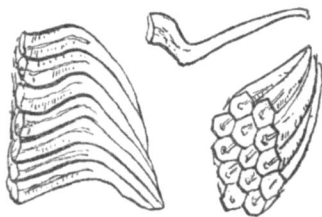

Samenschalenbruchstücke von Euphorbia helioscopiae
(stark aufgehellt, rotbraun). Oben eine isolierte Palisadenzelle, 200 × vergr.

sind die Samen von Chenopodiumarten sowie von Amarantus retroflexus (Fig. XVIII). Sie haben jedoch nur sehr kurze Palisadenzellen, so daß die Splitter flächenhaft zu liegen kommen. Sie zeigen ein gleichmäßiges enges Zellmaschennetz, welches zu großen polygonalen Feldern zusammengefaßt ist. Auch braune oder dunkle Samen von Cruciferen sind ziemlich resistent gegen diese Aufhellung und zeigen unter dem Mikroskop ihre charakteristische Struktur etwas weitlumiger Zellen. Kornradesplitter sind jetzt stark aufgehellt und zeigen eine eigentümliche Struktur, indem die Papillenbuckel durch Verquellung sehr zurücktreten und die zackig vor- und zurückspringenden Zellbegrenzungen sichtbar werden. Sehr eigenartig ist auch die Struktur von Spergulasamen, deren keulige bewarzte Haare noch erhalten sind (Fig. XX).

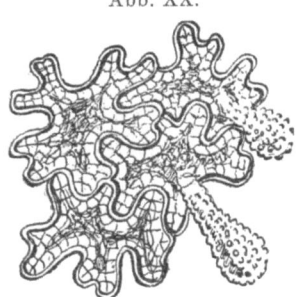

Abb. XX.

Samenschale von Spergula arvensis
(stark aufgehellt, hellbraun, die keuligen Haare wasserhell), 200 × vergr.

III. Die Befallungspilze der Feldunkräuter.

Das Kapitel der Befallungspilze an Kulturpflanzen[24]), Wiesenpflanzen[27]) und Feldunkräutern ist z. T. noch wissenschaftliches Neuland, und Laffar spricht sich in seiner Technischen Mykologie dahin aus, daß für die Tierheilkunde auf diesem Gebiete noch so gut wie alles zu tun sei. Es finden sich tatsächlich die widersprechendsten Mitteilungen über die Giftigkeit von Brandsporen sowohl, als auch über die Schädlichkeit rost- und mehltaubefallenen Futters. Klimmer sagt in seiner Veterinärhygiene über den „Flugbrand": Eine hygienische Bedeutung kommt Ustilago carbo mit großer Wahrscheinlichkeit nicht zu. Er stützt sich dabei auf die Fütterungsversuche von Tubeuf[28]). Mit Recht gibt er auch gegenteiligen Erfahrungen Raum. Die Giftwirkung des Schwadenbrandes (Ustilago longissima) ist erwiesen, wenn auch Erikson die Giftwirkung nach dem Trocknen (also im Heu) aufgehoben findet.

Eine ganze Anzahl von Ueberlegungen sprechen jedenfalls für die Möglichkeit einer Giftwirkung der Befallungspilze. Das „Mutterkorn" genannte Sclerotium, dessen Giftigkeit nicht angezweifelt wird, ist nichts weiter als ein Dauermycelium; vom Taumellolch wissen wir, daß die myceldurchsetzten Körner giftig, die mycellosen dagegen giftfrei sind. Bei den Hutpilzen wird die Giftigkeit einzelner Arten durchaus nicht bestritten. Aber nicht nur der Pilz selbst kann zu Schädigungen führen, auch die „pilzbefallene Pflanze" kann sehr wohl Giftwirkung auslösen. Bei den Stoffwechselstörungen, denen eine infizierte Pflanze ausgesetzt ist, werden sich „Wehrstoffe" bilden können, wie die

Antitoxine im Tierkörper, und es wäre nicht zu verwundern, wenn diese Gegengifte der Wirtspflanzen dem tierischen Organismus schaden brächten.

Wenn trotzdem Fütterungsversuche mit Befallungspilzen oder pilzbefallenen Pflanzen entgegen stehende Ergebnisse gezeitigt haben, so gibt es für diese scheinbaren Widersprüche allerlei Erklärungsmöglichkeiten. Der Pilz könnte seine höchste Giftwirkung nur in einem bestimmten Entwicklungszustand (etwa vor oder kurz nach der Keimung) äußern, die befallene Pflanze könnte zur Blüte- oder Fruchtzeit die Gegengifte verlieren. Andererseits aber können Tiere aus Gegenden, denen bestimmte Befallungspilze eigen sind, sich von Jugend auf an die toxische Wirkung gewöhnt haben, immun geworden sein*). Es wäre auch denkbar, daß die Giftwirkung auf Tiere in bestimmten Zuständen (Trächtigkeit, Brunstzeit) oder bei gleichzeitiger Aufnahme anderen Futters versagte oder aber sich verstärkte. All diese Erwägungen mögen dartun, wie wohldurchdacht und planvoll Fütterungsversuche angestellt werden müssen, um brauchbare Resultate zu erlangen.

Ganz unbestritten ist wohl nur die Giftigkeit des Mutterkornpilzes Claviceps purpurea, welcher sich außer im Roggen an folgenden Unkrautgräsern vorfindet: Bromus secalinus, Lolium temulentum, Hordeum murinum, Triticum repens. In diesem Falle werden die Unkräuter infolge des beherbergten giftigen Pilzes zu Tierschädigern und, infolge der Ansteckungsgefahr, für die Kulturpflanzen zu bedenklichen Krankheitsüberträgern.

Einzelne Unkräuter tragen eine bestimmte Rostsporenform auf ihren Blättern, den sog. Becherrost (Aecidium). In winzigen Näpfchen (sog. Bechern) schnüren sich, von unten her sich erneuernd, kettenweise unzählige Frühjahrs- (in einzelnen Fällen auch Herbst-) Sporen ab, welche, auf Pflanzen anderer Art gebracht, dort die rotbraunen Sommer- und später die dunklen Wintersporen erzeugen, so daß ein eigenartiger Wirtswechsel eintritt, der gewisse Unkräuter zu Krankheitsüberträgern für hochwertige Kulturpflanzen macht. Wollte ich die Befallungspilze aller Feldunkräuter in dieser Arbeit

---

*) Bei den Radesamen ist eine Gewöhnung der Tiere wahrscheinlich, und ebenso weiß man vom giftigen Schachtelhalm (Duwock), daß Tiere, aus duwockfreien Gegenden eingeführt, weit stärker vom Duwock zu leiden haben, als die in duwockhaltigen Wirtschaften aufgezogenen.

angeben, so würden trotz kürzester Ausführung mehrere Druckbogen nötig werden. Nur von wenigen der ca 200 ausgewählten Feldunkräuter sind mir Befallungspilze nicht bekannt geworden. Es sind folgende 41 Arten: Silene dichotoma und gallica, Gypsophila muralis, Vaccaria segetalis, Scleranthus annuus und perennis, Adonis flammeus, Glaucium corniculatum, Thlaspi perfoliatum, Rapistrum perenne und rugosum, Neslea paniculata, Draba verna, Ornithopus perpusillus, Lathyrus aphaca, Oxalis stricta, Mercurialis annua, Scandix pecten Veneris, Turgenia latifolia, Caucalis daucoides, Bupleurum rotundifolium, Anagallis arvensis, Cuscuta Epilinum und Epithymum, Galeopsis Ladanum und ochroleuca, Stachys arvensis und annua, Linaria Elatine und spuria, Antirrhinum Orontium, Veronica opaca, Asperula arvensis, Galium tricorne, saccharatum und anglicum, Valerianella carinata, Ambrosia artemisifolia, Galinsogaea parviflora, Chrysanthemum segetum, Centaurea solstitialis. Die größere Mehrzahl derselben sind „Einwanderer". Dies wirft ein lehrreiches biologisches Streiflicht auf die Anpassung der Pilzparasiten an die Wirtspflanze.

Andere, bei uns seit Jahrtausenden bodenständig, zeigen besonders reichlichen Befall und zwar ein und dieselbe Pflanzenart Infektionen aus den verschiedensten Pilzgruppen, von denen Brand, Rost, falscher und echter Mehltau die Hauptmenge liefern, während Kern-, Scheiben- und unvollständige bekannte Pilze zurücktreten. Unsere Quecke wird allein von 10 verschiedenen Pilzarten befallen und ähnlich reich ist die Zahl der Schmarotzer an Knöterich-, Wolfsmilch- und Kompositenarten. Von Interesse sind für diese Ausführungen 1. diejenigen Befallungspilze, welche im Stande sind Krankheiten auf wertvolle gebaute Futter- oder Nutzpflanzen zu übertragen, wo sie zur Quelle von Tierschädigungen werden können, und 2. solche Befallungspilze, welche Unkräuter als Zwischenwirte benutzen und durch diese ins Futter gelangen.

I. Unkrautpilze, welche auf Kulturgewächse übergehen. [29 bis 34]

Dabei möchte besonders beachtet werden, daß die Unkräuter mit gleichem Befallungspilz sich auch unter einander anstecken.

Meist befällt ein Pilz nur nahe verwandte Arten, etwa die Pflanzen derselben Familie, doch gibt es auch solche, deren Virulenz den verschiedensten Familien verderblich wird. Wir sprechen alsdann von Pleophagie.

	Pilzart	von Unkraut, übertragbar auf Kulturpflanze.		
Brandpilze	Ustilago Avenae.	Avena fatua.	Hafer.	
Rostpilze	Uromyces striatus Schroet.	Medicago lupulina.	Klee und Luzerne.	nur an Papilionaceen.
	„ Ervi Wallr.	Vicia hirsuta.	Esparsette.	
	„ Fabae Pers.	Vicia hirsuta. / Vicia cracca und villosa.	Saubohne, Erbse und Linse.	
	„ Viciae craccae Const.	Vicia cracca.	Linse.	
	Puccinia Rubigo vera Wint.	Bromus secalinus u. arvensis. / Triticum repens.	Roggen, Gerste, Weizen.	nur Gramineen
	Puccinia agropyrina Eriks.	Bromus arvensis, Triticum repens.	Roggen.	
	Puccinia coronifera Kleb.	Avena fatua.	Hafer.	
Falsche Mehltaupilze	Pythium de Baryanum Hesse.	Berteroa incana, Stenophragma Thaliana, Sinapis arvensis, Thlaspi arvense, Capsella bursa pastoris.	Klee, Mais, Rüben, Hirse, Kartoffel.	pleophag.
	Cystopus candidus Lév.	Capsella bursa pastoris, Lepidium campestre, Raphanus Raphanistrum, Camelina sativa, Brassica nigra, Nasturtium silvestre, Sinapis arvense, Stenophragma Thaliana, Berteroa incana, Erysimum cheiranthoides.	Rettich, Meerrettich, Raps, Rübsen, Krautarten.	nur Cruciferen
	Cystopus Tragopogonis Pers.	Matricaria inodora, Achillea Millefolium, Cirsium arvense, Filago arvensis, Gnaphalium uliginosum.	Schwarzwurzel (feldmäßig).	Compositen
	Peronospora Schleideni Ung.	Allium vineale.	Zwiebel.	
	„ effusa Grév.	Chenopodium-Arten.	Spinat.	
	„ Viciae Berg.	Alle Wickenarten. [arvense.	Erbsen.	
	„ Trifoliorum de By.	Medicago lupulina, Trifolium	Klee, Luzerne.	
	Peronospora aborescens Berk.	Papaver-Arten (wild).	Schlafmohn.	
	Peronospora parasitica Pers.	Viele Cruciferen-Unkräuter.	Rettich und Raps.	
Echte Mehltaupilze	Sphaerotheca Castagnei Lév.	Erigeron canadense, Lampsana communis, Crepis tectorum, Geranium dissectum, Odontites verna, Alchemilla arvensis, Plantago lanceolata.	Hopfen, Kürbis (Gurken).	pleophag.
	Erysiphe graminis DC.	Bromus secalinus, Apera spica venti, Triticum repens, Poa annua.	Weizen.	Gramineen
	„ Martii Lév.	Vicia cracca, Medicago lupulina, Urtica, Capsella bursa pastoris, Galium-Arten.	Klee, Bohne, Erbse, Lupine, Luzerne.	pleophag.
	„ Cichoriacearum DC.	Artemisia vulgaris, Senecio vulgaris, Cirsium arvense, Centaurea cyanus, Sonchus-Arten, Lithospermum arvense, Mentha arvensis, Rumex acetosella.	Schwarzwurzel, Kürbis (Gurke).	pleophag.

	Pilzart	von Unkraut,	übertragbar auf Kulturpflanze.	
Echte Mehltaupilze	Erysiphe Polygoni DC. = communis Grév.	Delphinium consolida, Ranunculus repens, Papaver Rhoeas, Galium Aparine, Valerianella dentata, Convolvulus arvensis, Polygonum aviculare.	Kürbis, Gurke.	pleophag.
Kernpilze	Claviceps purpurea Fries, Mutterkorn.	Bromus secalinus, Lolium temulentum, Hordeum murium, Triticum repens.	Roggen.	
	Pleospora Napi Fuck, Schwärzepilz*).	Sonchus oleraceus.	Raps und Rübsen.	
	Polydesmus exitiosus Mont.	Hederich (Raphanus raphanistrum).	Mohrrüben.	
	Diachora Onobrychidis DC.	Lathyrus tuberosus.	Eparsette.	
Scheibenpilze	Pseudopeziza Trifolii Bernh.	Medicago lupulina.	Klee und Luzerne.	
	Sclerotinia Sclerotiorum Lib.	Polygonum, Chenopodium album, Galopsis Tetrahit.	Möhren, Kartoffeln, Buschbohnen, Rüben, Hanf.	pleophag.
	Sclerotinia Trifoliorum Eriks., Kleekrebs.	Medicago lupulina.	Klee.	
Unvollständig bekannte Pilze	Napicladium arundinaceum Cord.	Triticum repens, Phragmites communis.	Roggen.	
	Septoria graminum Desm.	Feldunkraut-Gräser.	Weizen, Hafer, vielleicht auch Spelz.	
	Scolecotrichum graminis Fuck.	auf Feldunkraut-Gräsern?	Hafer.	
	Fusarium heterosporium Nees.	Feldunkraut-Gräser.	Roggen und Mais.	

II. Unkräuter als Zwischenwirte des Rostes auf Kulturgewächsen oder anderen Unkräutern.

Die hier aufgeführten Zwischenwirte entwickeln Aecidiensporen, welche die Krankheit sowohl auf Kulturpflanzen, als auch auf andere Unkräuter übertragen können. Das Ausrotten des Zwischenwirtes führt zum Erlöschen der Rostkrankheiten.

Rostpilz	Unkraut als Zwischenwirt (Aecidienträger)	für Kulturpflanzen	für andere Unkräuter
Uromyces dactylidis Otth.	Ranunculus repens.	—	Poa annua.
Uromyces striatus Schroet.	Euphorbia Cyparissias.	Klee, Luzerne.	Medicago lupulina, Trifolium arvense.
Uromyces Pisi de By.	Euphorbia Cyparissias et Esula.	Erbse.	Vicia cracca, Lathyrus Nissolia und tuberosus.
Puccinia dispersa Eriks. et Herm. = straminis Fuck.	Lycopsis arvensis, Echium, Nonnea, Lithospermum, Cerinthe.	Weizen, Roggen, Hafer.	Bromus secalinus u. arvensis, Triticum repens.

*) Einer von den in Kleien, besonders in Haferfuttermitteln häufigen Schwärzepilzen aus den Gattungen: Sporidesmium, Cladosporium, Pleospora. Vgl. Ber. d. Kgl. Tierärztlichen Hochschule zu Dresden 1914—1916.

Rostpilz	Unkraut als Zwischenwirt (Aecidienträger)	für Kulturpflanzen	für andere Unkräuter
Puccinia Magnusiana Koern.	Ranunculus repens.	—	Phragmites communis.
Puccinia Poarum Niels.	Tussilago farfara.	—	Poa annua.
Puccinia Polygoni Alb. et Schw.	Geranium pusillum.	—	Polygonum Convolvulus u. Persicaria.
Puccinia Phragmitis Schum.	Rumex crispus.	—	Phragmites communis.

Anhangsweise noch 3 wichtige Rostarten, bei denen die Aecidiumträger Holzgewächse!

Puccinia graminis Pers.	Berberitze (Berberis vulgaris).	Hafer, Weizen, Roggen, Gerste	Avena fatua, Triticum repens.
Puccinia coronifera Kleb.	Rhamnus cathartica, Kreuzdorn.	Hafer.	Avena fatua.
Puccinia coronata Corda	Rhamnus Frangula (Faulbaum, Pulverholz).	Hafer.	Triticum repens.

Diese Arbeit mag beweisen, daß auch für die Veterinärmedizin auf dem Gebiete der angewandten Botanik noch ein reiches, wenig bebautes Arbeitsfeld vorhanden ist. Gerade in dieser Beziehung halte ich einen Ausbau der Botanik an tierärztlichen Hochschulen, verbunden mit praktischen Uebungen, für dringend geboten. Dazu aber gehört eine ungeteilte, mit dem Wesensinhalt tierärztlicher Wissenschaft vertraute Lehrkraft, welcher Zeit bleibt zur Forschung, ungehindert durch nebenamtliche Verpflichtungen, mitten hineingestellt in die von einer Tierärztlichen Hochschule zu lösenden Probleme, mit der Möglichkeit, ihre Disziplin nutzbringend einzufügen in das große arbeitende Ganze.

Verzeichnis eingesehener Schriften.

1a) Pott, E., Die landwirtschaftlichen Futtermittel. Berlin 1889, Parey. — 1b) Langetal, C. E., Beschreibung der Gewächse Deutschlands. Jena 1858. — 1c) Ratzeburg, J. T. C., Die Standortsgewächse und Unkräuter Deutschlands und der Schweiz. — 1d) Wehsarg (Hohenneundorf-Berlin), Das Unkraut im Ackerboden. — 1e) Rot, G., Die Unkräuter Deutschlands. — 2) Bornemann, Die wichtigsten landwirtschaftlichen Unkräuter. Thaer-Bibliothek. Berlin, Parey. — 3) Thaer, A., Die landwirtschaftlichen Unkräuter. Berlin 1893, Parey. — 4) Naumann, A., Die Granne des Windhalms (Apera spica venti P. B.) als Ursache einer Zungenwucherung. Bericht über die Kgl. Tierärztliche Hochschule zu Dresden 1915 und 1916. — 5) Danger, Unkräuter und pflanzliche Schmarotzer. Hannover 1887. — 6) Naumann, A., Fütterungsversuche mit milchenden Kräutern, insbesondere Kompositen. Bericht über die Kgl. Tierärztliche Hochschule zu Dresden 1905. — 7) A. Weber-Bremen, Der Duwock. Arb. d. D. L. G. 1902. — 8) Müller, G., Landwirtschaftliche Giftlehre. Berlin 1897, Parey. — 9) Klimmer, M., Veterinärhygiene. Berlin 1914, Parey, 2. Aufl. — 10) Landwirtschaftliche Jahrbücher, 1903.

— 11) Die Futtermittel des Handels. Berlin 1906, Parey. — 12) Hartmann, Joh., Ueber die Zuverlässigkeit der Vogelschen Probe bei der Untersuchung schädlicher Mehle und Kleien nebst Bemerkungen über die farbstoffführenden Schichten in Samen und Früchten landwirtschaftlicher Kulturpflanzen und Unkräuter. Zeitschr. f. Tiermed., 1913. — 13) Körner, Rob., Die Unkrautsamen und andere Beimengungen des Mehl- und Schälgetreides. Leipzig. — 14) Wittmack, L., Gras und Kleesamen. Berlin 1873. — 15) Burchard, O., Die Unkrautsamen der Klee- und Grassaaten. Berlin 1900. — 16) Harz, C. B., Landwirtschaftliche Samenkunde. Berlin 1885. — 17) Nobbe, F., Handbuch der Samenkunde. 1876. — 18) Fruwirth, C., Der Ackerfuchsschwanz. Arb. d. D. L. G. — 19) Pieper, H., Der Windhalm. Arb. d. D. L. G. — 20) Jade, A., Der Flughafer. Arb. d. D. L. G. 21) Wiedersheim, W., Das Klettenlabkraut (Kleber). Arb. d. D. L. G., 1912. — 22) Kraus, A., Das gemeine Leinkraut. Abb. d. D. L. G. — 23) König, J., Die Untersuchung landwirtschaftlich und gewerblich wichtiger Stoffe. — 24) Vogl, A. E., Die gegenwärtig am häufigsten vorkommenden Verfälschungen und Verunreinigungen des Mehles. Wien 1880. — 25) Hiltner, Die landwirtschaftliche Versuchsstation. Bd. 45. — 26) Naumann, A., Die Pilze gärtnerischer Kulturgewächse und ihre Bekämpfung. Dresden 1907, C. Heinrich. — 27) Derselbe, Die Grasfluren der Erde und die mitteleuropäischen Wiesentypen. — 28) Fühlings Landwirtschaftliche Zeitung, 1904. — 29) Sorauer, P., Handbuch der Pflanzenkrankheiten. 1907. 3. Aufl. Bd. 2. — 30) Frank, A. B., Die Krankheiten der Pflanzen. Breslau 1896. — 31) Tubeuf, K., Pflanzenkrankheiten. Berlin 1895, Springer. — 32) Cohn, F., Kryptogamenflora von Schlesien. Bd. 3. Breslau, Kerns Verlag. — 33) Migula, W., Rost- und Brandpilze. Stuttgart, Franckhsche Verlagshandlung. — 34) Klebahn, H., Die wirtswechselnden Rostpilze. 1904.

Erklärung der Abbildungen auf Tafel VI.

Der obere Teil der Tafel enthält die größeren Samen, der untere Teil die kleineren, nur 25 und 26 mußten zu geeigneter Gruppierung zu den kleineren gestellt werden. Die Vergrößerungen ergeben sich aus den in die Tafel verstreuten Maßstäben. Bei diesen bedeutet jeder Strichzwischenraum **1 mm**.

1 Avena fatua.
2 Lolium temulentum.
3 Centaurea solstitialis.
4 Polygonum aviculare ⎫ mit entspr.
5   „ Convolvulus ⎬ Quer-
6   „ Persicaria ⎭ schnitts-
7   „ lapathifolium Umrissen.
8 Galium saccharatum.
9 Aethusa Cynapium.
10 Lyopsis arvensis.
11 Lithospermum arvense.
12 Vicia cracca.
13 Hülse von Medicago lupulina.
14 Lathyrus Aphaca.
15   „ tuberosus.
16   „ Nissolia.
17 Rhinanthus hirsutus.
18 Plantago lanceolata.
19 Anthemis Cotula.
20 Amaranthus retroflexus.
21 Chenopodium polyspermum, links mit bleibender Blütenhülle.
22 Myosotis intermedia.
23 Glechoma hederacea.
24 Malva vulgaris mit keilförmigem Querschnittsumriß.
25 Adonis flammeus.
26   „ aestivalis.
27 Euphorbia helioscopia.
28   „ cyparissias.
29   „ exigua.
30   „ Peplus.
31 Silene gallica.
32   „ dichotoma mit Felderung.
33 Melandryum noctiflorum.
34 Gypsophila muralis nebst Teilvergrößerung.
35 Rapistrum perenne.
36   „ rugosum.
37 Lepidium campestre (rechts mit Schleimstrahlen).
38 Papaver Rhoeas.
39 Odontites verna.
40 Hyoscyamus niger.
41 Anagallis arvensis.
42 Antirrhinum Orontium.

Druck von L. Schumacher in Berlin N. 4.

1.
2.
3.
4.
5.
6.
7.
7.
6.
8.
10.
11
12.
13.
17.
9.
18.
14
15
16

19.
20.
21.
22.
23.
24.
25.
26.
27.
28.
36.
37.
29.
30.
35.
38.
39.
40.
31.
32.
33.
34
41.
42.

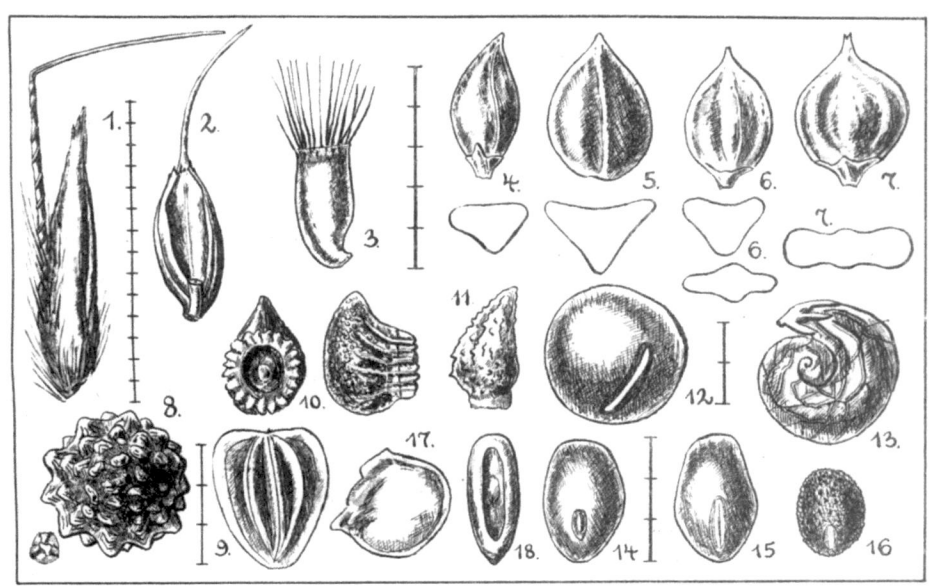

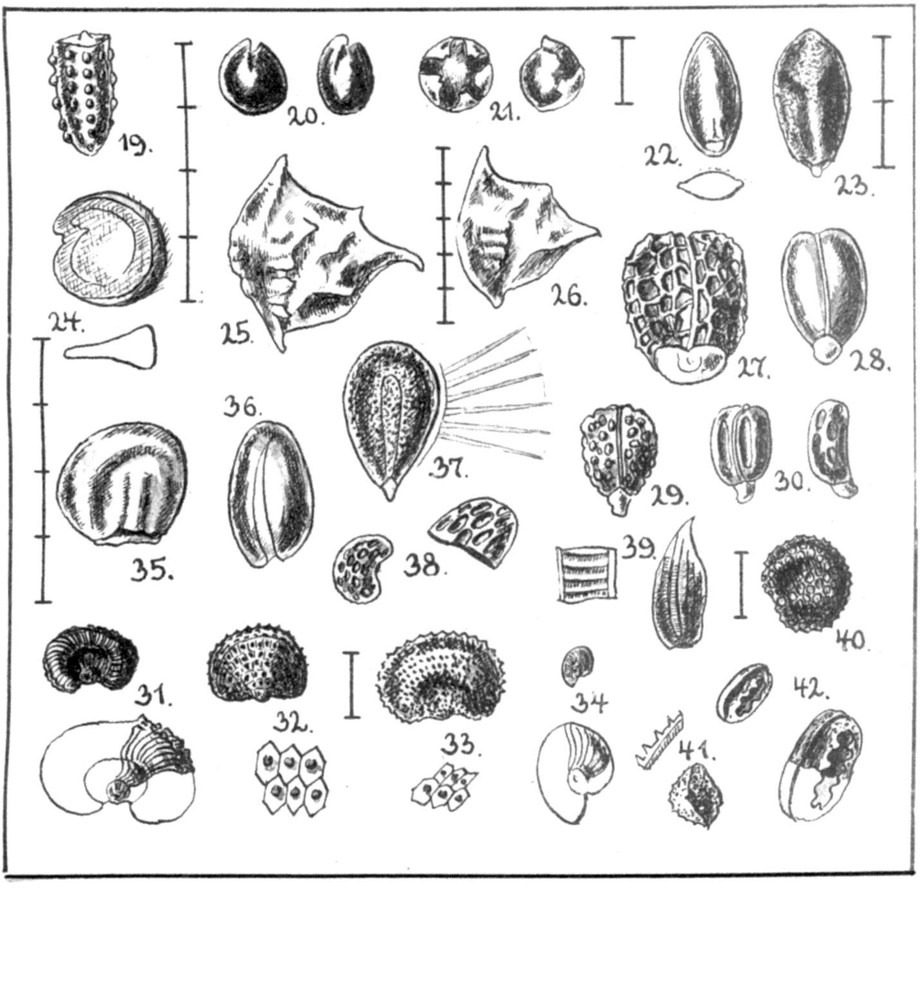

If you have any concerns about our products,
you can contact us on
ProductSafety@springernature.com

In case Publisher is established outside the EU,
the EU authorized representative is:
**Springer Nature Customer Service Center GmbH
Europaplatz 3, 69115 Heidelberg, Germany**

Printed by Libri Plureos GmbH
in Hamburg, Germany